"双高计划"建设院校课改系列教材
国家示范性高等职业院校课改系列教材

计算机应用基础项目化教程

(Windows 10 + Office 2016)

◎主　编　樊月辉
◎副主编　郭　彦　王　芹　陶晓欣

西安电子科技大学出版社

内 容 简 介

本书采用将基础知识融入项目教学中的方式，从计算机基本操作入手，结合大量学习和工作中的实用案例，精心设计了六大模块、24 个教学项目，全面介绍了计算机基础知识、Windows 10 操作系统、Word 2016 文字处理软件、Excel 2016 电子表格处理软件、PowerPoint 2016 演示文稿软件及计算机网络应用相关知识。

为了方便学生学习，每个项目均设有明确的学习目标和清晰的图解操作，在完成项目学习的过程中达到知识的能力转化，帮助学生轻松掌握计算机基础操作及办公技能。

本书适合作为初、中级读者的入门及提高教材或参考书，也适用于计算机培训班教学，对于想要快速适应办公室文员岗位工作的职员亦适用。

图书在版编目(CIP)数据

计算机应用基础项目化教程：Windows 10 + Office 2016 / 樊月辉主编. —西安：
西安电子科技大学出版社，2021.10
ISBN 978-7-5606-6215-2

Ⅰ. ① 计… Ⅱ. ① 樊… Ⅲ. ① Windows 操作系统—教材 ② 办公自动化—应用软件—高等职业教育—教材 Ⅳ. ① TP316.7 ② TP317.1

中国版本图书馆CIP数据核字(2021)第 198207号

策划编辑　井文峰
责任编辑　井文峰　阎　彬
出版发行　西安电子科技大学出版社(西安市太白南路 2 号)
电　　话　(029)88202421　88201467　　　　　邮　　编　710071
网　　址　www.xduph.com　　　　电子邮箱　xdupfxb001@163.com
经　　销　新华书店
印刷单位　陕西精工印务有限公司
版　　次　2021 年 10 月第 1 版　　2021 年 10 月第 1 次印刷
开　　本　787 毫米 × 1092 毫米 1/16　　　印　张　16.5
字　　数　311 千字
印　　数　1～3000 册
定　　价　62.00 元

ISBN 978-7-5606-6215-2 / TP

XDUP 6517001-1

如有印装问题可调换

前　言

数字时代的到来，使得计算机因为其高效、便捷的特性成为日常生活和工作的基本工具。对于当代大学生来说，熟练使用计算机，是学习的基本要求，更是他们走出校园进入职场的必备能力。

为了适应高职高专技能人才培养的新要求，本书从学生的角度出发，结合编者多年的工作经验，精选内容，将学生经常遇到的问题转换成典型案例融入教材当中，注重提升学生的实践应用与设计能力，力求在学习后达到举一反三、灵活应用的目的。

教材特色

目标明确，循序渐进

本书结构清晰，按照学习者的认知规律划分模块，每个模块按照"从基础到综合，从使用到设计"的思路构建案例，易于学习。

内容精练，实用性强

项目内容与学生学习和工作需求紧密相关，课内理论讲解和案例操作相结合，习题中还融入了相关拓展知识与提高案例，实用性强，有助于技能快速提高。

项目引领，重点突出

按照项目划分学习单元，在项目完成的过程中实现知识的理解与技能的掌握。

技能点拨，灵活应用

在操作的关键步骤配有注释，将工作中可能遇到的实战技巧或设计经验进行拓展介绍，让读者自如应用。

精选内容

全书共分为六个模块。

模块一：计算机基础知识。按照走近、认识、使用、深入计算机的思路设计了四个项目，使读者能够了解并掌握计算机的基本使用。

模块二：Windows 10 操作系统。按照初识、使用、学习应用操作系统的思路设计了三个项目，使读者学会使用Windows 10 操作系统的基本技巧，能够定制自己的计算机界面，规划与管理学习文件。

模块三：Word 2016 文字处理软件。从公文排版、正规文件制作、表格高端应用、海报创新设计、批量处理、长文档排版、图文混排七个方面介绍了学习与工作中经常遇到的办公问题与解决办法。

模块四：Excel 2016 电子表格处理软件。结合数据录入、美化、处理、统计、分析五个工作中的常见难点进行讲述，涵盖了Excel 中数据快速录入编排、公式、函数、排序、筛选、分类汇总、合并计算、图表等全部数据处理知识。

模块五：PowerPoint 2016 演示文稿软件。利用职业生涯规划幻灯片制作和个人简历幻灯片制作两个项目，培养读者使用、制作与设计幻灯片的基本能力。

模块六：计算机网络应用。利用三个项目讲解网络基础知识、IP地址与域名系统、文件共享设置、无线路由器配置、网络高级搜索技巧、电子邮箱及百度网盘的使用。

适用对象

本书的实用性和可操作性强，适用于想要快速掌握计算机基础技能的初学者及想要快速适应办公室工作的群体，亦可作为职业学校和计算机学校相关专业的教材。

配套资源

本书提供微课视频、项目素材、样文、习题答案、教学课件等教学资源，微课视频扫描书中二维码即可直接观看，其余配套资源可通过出版社网站下载。

编写团队

本书由长春职业技术学院计算机应用基础教学团队编写，樊月辉任主编，郭彦、王芹、陶晓欣任副主编。其中模块一、二、五由樊月辉编写，模块三由樊月辉、陶晓欣共同编写，模块四由王芹编写，模块六由郭彦编写。在编写过程中，我们力求精益求精，但难免存在疏漏和不足之处，敬请广大读者批评指正。

编　者

2021 年 8 月

目　录

模块三　Word 2016 文字处理软件

模块四　Excel 2016 电子表格处理软件

模块五　PowerPoint 2016 演示文稿软件

模块六　计算机网络应用

模块一

计算机基础知识

　　计算机俗称电脑。随着信息技术的飞速发展，计算机已遍及学校、企事业单位，进入寻常百姓家，它改变了人们的生活方式，已经成为信息社会必不可少的工具，在各行各业都占有举足轻重的地位。而对计算机的了解和应用，已经成为现今社会对大学生就业的基本要求。

本模块学习目标

➤ 计算机的入门知识与键盘、鼠标操作 —— 初识计算机

➤ 计算机的硬件系统 —— 熟悉计算机的硬件系统

➤ 计算机的软件系统与简单应用软件操作 —— 熟悉计算机的软件系统

➤ 计算机的信息存储与进制转换 —— 认识计算机的信息存储

项目1 走近计算机——初识计算机

项目分析

【项目描述】

计算机改变了我们的生活方式，不管是学习、工作还是娱乐，计算机都为我们带来了极大的便利。那么，计算机是如何发展起来的呢？使用它又能具体做哪些工作呢？本项目将着重介绍计算机的发展、应用等内容，并重点介绍键盘和鼠标的操作。

【项目目标】

- 了解计算机的发展历程、特点、应用领域与发展趋势
- 掌握正确开、关计算机的方法(重点)
- 了解计算机的日常使用维护知识(重点)
- 掌握键盘和鼠标的操作方法(重点、难点)

项目实现

任务1 了解计算机

1. 计算机的发展历程

计算机是20世纪最伟大的发明之一。世界上第一台电子数字计算机的名称叫ENIAC(埃尼阿克)，如图1-1所示，是电子数字积分计算机(Electronic Numberical Intergrator and Computer)的缩写，于1946年2月在美国宾夕法尼亚大学正式投入运行。它使用了17 468个真空电子管，耗电174千瓦，占地170平方米，重达30吨，每秒钟可进行5000次加法运算。虽然它的功能还比不上今天最普通的一台微型计算机，但在当时它已是运算速度的绝对冠军，并且其运算的精确度和准确度也是史无前例的。中国古代科学家祖冲之利用算筹计算圆周率(π)，计算到小数点后7位花费了15年。一千多年后的英国人香克斯计算到小数点后707位花费了毕生精力。而同样的计算，ENIAC仅用

了 40 秒，还发现香克斯的计算中，第 528 位是错误的。ENIAC 奠定了电子计算机的发展基础，开辟了一个计算机科学技术的新纪元，成为了计算机发展史上的里程碑。

▲ 图1-1　第一台电子数字计算机 ENIAC

　　ENIAC 诞生后，美籍匈牙利数学家冯·诺依曼指出，整个计算机结构应该由运算器、控制器、存储器、输入装置和输出装置五部分组成，同时，以二进制为运算基础，采用存储程序方式工作。冯·诺依曼这些理论的提出，对后来计算机的发展起到了至关重要的作用，直至今天，绝大部分的计算机还是采用冯·诺依曼方式工作。因此，把依据冯·诺依曼的这一理论形成的计算机体系结构称为冯·诺依曼体系结构，冯·诺依曼本人也被誉为"现代电子计算机之父"。

　　ENIAC 诞生后短短的几十年间，计算机的发展突飞猛进。构成计算机的主要电子器件的发展引起计算机的几次更新换代，如表 1-1 所示。每一次更新换代都使计算机的体积和耗电量大大减小，功能大大增强，应用领域进一步拓宽。特别是体积小、价格低、功能强的微型计算机的出现，使得计算机迅速普及，进入了办公室和家庭，在办公室自动化和多媒体应用方面发挥了很大的作用。目前，计算机的应用已扩展到社会的各个领域。

表 1-1　计算机发展的四个阶段

阶段	起止年份	采用的电子器件	数据处理方式	运算速度	应用领域
第一代	1946—1957	电子管	汇编语言、代码程序	8000次每秒至3万次每秒	国防军事及高科技
第二代	1958—1964	晶体管	高级程序设计语言	数万次每秒至几百万次每秒	工程设计、数据处理
第三代	1965—1970	中、小规模集成电路	结构化、模块化程序设计，实时处理	数百万次每秒至几千万次每秒	工业控制、数据处理
第四代	1971年至今	大规模、超大规模集成电路	分时、实时数据处理，计算机网络	上亿条指令每秒	工业、生活等各方面

2. 计算机的特点

(1) 运算速度快。现今计算机系统的运算速度已达到万亿次每秒，微机也可达几亿次每秒以上，使大量复杂的科学计算问题得以快速解决，如卫星轨道的计算、24 小时天气预报的计算等。

(2) 计算精度高。计算机的计算精度可由千分之几到百万分之几，是任何计算工具望尘莫及的。如利用计算机的精确计算，其控制的导弹可以准确地击中预定目标。

(3) 有逻辑判断能力。计算机不仅能进行计算，而且能把大量的信息保存起来，以供用户随时调用，还可以对其进行算术运算和逻辑运算，甚至进行推理和证明，这也是计算机被称为"电脑"的原因之一。

(4) 有自动控制能力。计算机内部能够存储人们事先设计好的运行步骤与程序，在实际工作中，计算机可以严格地按照程序规定的步骤自动执行，整个过程无需人工干预。

3. 计算机的应用领域

计算机的发展改变了人们传统的工作、学习和生活方式，推动着社会的进步。其主要应用领域如下：

(1) 科学计算。利用计算机所具有的高速计算、大存储容量和连续运算的特点，可以实现人工无法解决的各种科学计算问题，这也是计算机最早的应用领域。例如，建筑设计中为了确定构件尺寸，通过弹性力学导出一系列复杂方程，长期以来由于计算方法跟不上而一直无法求解，而计算机不但能求解这类方程，还取得了弹性力学理论上的突破，出现了有限元法。

(2) 信息处理。据统计，80％以上的计算机主要用于信息处理工作，在办公自动化、银行系统、情报检索、图书管理、影视动画设计、税务系统、会计电算化等各个领域均已得到广泛应用。

(3) 辅助技术。计算机辅助技术包括计算机辅助设计(Computer Aided Design，CAD)、计算机辅助制造(Computer Aided Manufacturing，CAM)和计算机辅助教学(Computer Aided Instruction，CAI)等，在飞机制造、建筑设计、生产自动化、交互教育等方面都体现了计算机辅助技术的应用。

(4) 实时控制。利用计算机进行实时控制，可以提高控制的及时性和准确性，从而大大提高控制自动化水平，改善劳动条件，提高产品质量及合格率。例如，在汽车工业方面，利用计算机控制机床以至整个装配流水线，不仅可以实现精度要求高、形状复杂的零件加工自动化，而且可以使整个车间或工厂实现自动化。

(5) 人工智能。人工智能(Artificial Intelligence)是研究如何让计算机模拟人的某些思维过程和智能行为(如学习、推理、思考、规划等)的学科,以使计算机能实现更高层次的应用。例如能模拟高水平医学专家进行疾病诊疗的专家系统,多次参加最强大脑"人机大战"并取得胜利的百度机器人"小度"等,都是人工智能的产物。

(6) 网络应用。计算机网络的建立,不仅实现了一个单位、一个地区、一个国家计算机与计算机之间的通信,各种软、硬件资源的共享,也大大促进了国际间的文字、图像、视频和声音等各类数据的传输与处理。

4. 计算机的发展趋势

随着信息技术的不断进步,未来计算机将朝着网络化、微型化、智能化的方向发展。如今,智能机器人、智能化家用电器对我们来说已不陌生。据预测,未来的电脑将拥有视觉、听觉、嗅觉、味觉和触觉这5种感觉,让我们的交流方式发生革命性变化。

(1) 超导计算机。超导计算机是利用超导技术生产的计算机及其部件,其开关速度达到几皮秒,运算速度比现在的电子计算机快,电能消耗量少。超导计算机对人类文明的发展可以起到极大作用。

(2) 纳米计算机。纳米计算机指将纳米技术运用于计算机领域所研制出的一种新型计算机,其内存芯片体积不过数百个原子大小,相当于人头发丝直径的千分之一,是一种体积小、反应速度快的计算机。采用纳米技术生产芯片的成本十分低廉,只要在实验室里将设计好的分子合在一起,就可以造出芯片,大大降低了生产成本,可以应用到微型机器人中。

(3) 光计算机。光计算机是利用光作为载体进行信息处理的计算机,又称为光脑。在将来,光计算机将为我们带来更强的运算能力和更快的处理速度。

(4) DNA计算机。DNA计算机是一种生物形式的计算机。该计算机的最大优点在于其超小的体积、惊人的存储容量和运算速度。其体积之小,可以于一支试管中同时容纳一万亿个此类计算机,一立方厘米的DNA可以存储一万亿亿的二进制数据,十几个小时的DNA计算,相当于所有电脑问世以来的总运算量,而且它的能耗非常低,只有普通电脑的十亿分之一。

(5) 量子计算机。量子计算机是一种全新的基于量子理论的计算机,它以处于量子状态的原子作为中央处理器和内存,利用原子的量子特性进行信息处理。它既没有传统计算机的外壳,也不能用硬盘实现信息的长期存储,但量子计算机高效的运算能力使其在金融、医药、人工智能等领域都有着广阔的应用前景。

(6) 生物计算机。生物计算机也称仿生计算机,主要是指以生物电子元件构建的计算机。蛋白质具有开关特性,用蛋白质分子作元件制成的集成电路称为生物芯片,使用生物芯片的计算机称为蛋白质电脑,或称为生物电脑。已经研制出的利用蛋白质团制造的开关装置有合成蛋白芯片、遗传生成芯片、血红素芯片等。生物计算机的运算速度要比当今最新一代计算机快10万倍，它具有很强的抗电磁干扰能力，能量消耗仅相当于普通计算机的十亿分之一，且具有巨大的存储能力。生物计算机具有生物体的一些特点，如能发挥生物本身的调节机能，自动修复芯片上发生的故障，还能模仿人脑的机制等。

任务 2　正确使用计算机

1. 开机

(1) 确保所有设备正常连接后接通电源。

(2) 打开显示器等设备的开关。

(3) 按机箱上的电源键启动计算机。

2. 关机

(1) 关闭所有正在使用的应用程序。

(2) 点击"Windows徽标"按钮，再点击电源键，在弹出的菜单中选择"关机"即可关闭计算机。

(3) 关闭显示器，然后切断所有电源开关。

> 注：在系统没有完全启动前可以按 Ctrl + Alt + Del 键，重新启动系统。在系统启动后，若按此快捷键，则会打开任务管理器。

3. 计算机的日常使用维护

(1) 不要长时间开机，特别是在散热困难的夏天，不用时要及时关闭计算机，更不要频繁地开关机。

(2) 关机请采用程序关机，即从"开始"菜单处关闭，不要采用切断电源等方式硬性关机。

(3) 注意经常清洁电脑，特别是显示器、键盘和鼠标，但不能用水清洗，可使用专门清洁电脑的清洁剂，清洁前应先关机并断开电源。

(4) 不要在电脑前吃东西、喝水，以免将碎屑残渣或水掉进键盘或鼠标，尤其是使用笔记本电脑时，更应该注意。

(5) 不要经常插拔电脑上的插头，包括键盘、鼠标、网线等，以免造成接触不良，影响使用，更不要热插拔除USB设备外的所有设备。

(6) 不要安装服务器类的软件，包括翻墙类软件或为他人提供翻墙服务的软件。

(7) 不要占用太多C盘空间，把需要保存的文件、软件放到非系统盘上去。

(8) 定期更新或升级杀毒软件，不随意下载、打开不明文件，保证系统安全。

(9) 电脑必须使用三脚插头，以保证电脑良好接地，同时，不要与大功率家电共用电源插座，并定期检查电源线和电源插头是否有损伤。

(10) 共用机器注意协商合作，共同维护。

任务3 使用鼠标

通过鼠标，我们可以完成打开/关闭程序，选择/移动文档等操作，鼠标功能十分强大。

1. 认识鼠标

目前主流的鼠标为三键鼠标，由左键、右键、滚轮组成，如图 1-2 所示。

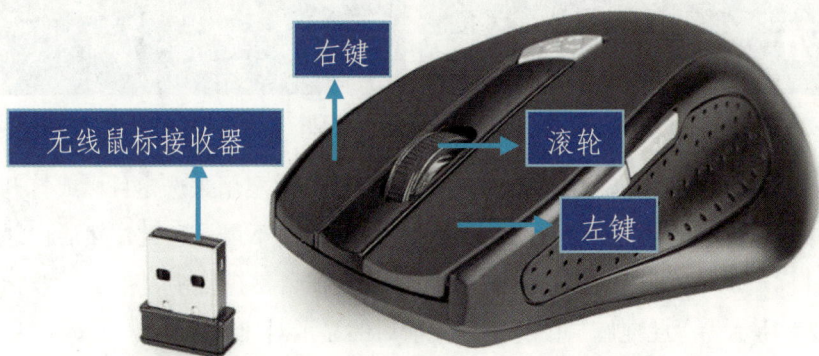

▲ 图 1-2 鼠标

2. 鼠标握持方法

食指和中指自然地放置在鼠标的左键和右键上，拇指横放在鼠标的左侧，无名指与小指自然放置在鼠标的右侧，拇指与无名指及小指轻轻握住鼠标，手掌心轻轻贴住鼠标后部，手腕自然垂放在桌面上，其中食指控制鼠标左键，中指控制鼠标右键和滚轮，如图1-3所示。

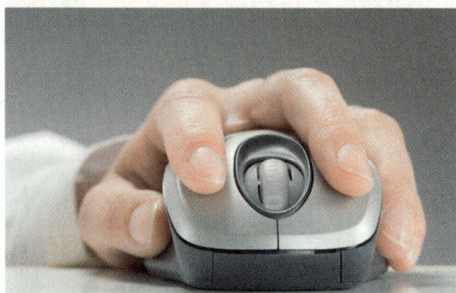

▲ 图 1-3　鼠标握持的正确方法

3. 鼠标的基本操作

鼠标的基本操作包括移动、单击、双击、拖动和翻页。我们在电脑中看到的光标即为鼠标的运动轨迹。

(1) 鼠标的移动。正确握住鼠标，在桌面或鼠标垫上移动时，屏幕上的指针也会作相应移动。如图1-4所示，我们将鼠标指针从"开始位置"移动到"结束位置"。

▲ 图 1-4　鼠标移动

(2) 鼠标的单击。单击分为左键单击和右键单击，主要用来选定目标或打开菜单。

左键单击：当鼠标移动到某一目标上时，用食指按下鼠标左键，然后快速松开，可以选定该目标，选中后目标通常显示为高亮形式。在日常操作中，单击一般指的是左键单击。图 1-5 所示为"此电脑"图标被选中前后的显示对比。

▲ 图 1-5　"此电脑"图标被选中前后的显示对比

右键单击：当鼠标移动到某一目标上时，用中指按下鼠标右键，可以打开对应的右键菜单或快捷菜单。如在"此电脑"图标上点击右键，即可打开"此电脑"右键菜单，如图 1-6 所示。

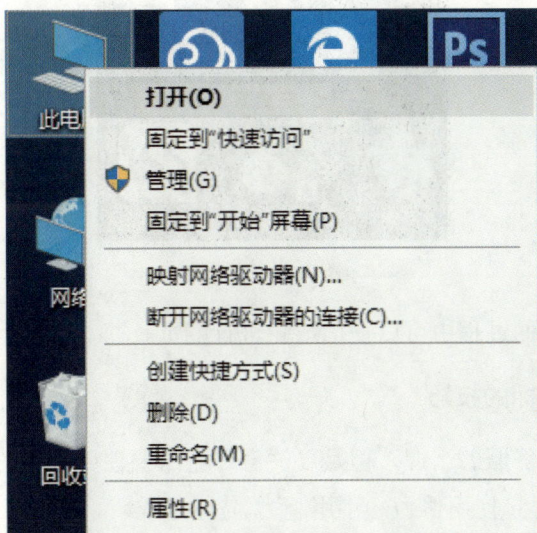

▲ 图 1-6　打开"此电脑"右键菜单

(3) 鼠标的双击。将鼠标指针移动到某一图标上，用食指快速地按下鼠标左键两次即为双击鼠标操作，注意两次按下鼠标左键的间隔时间要短。双击鼠标主要用来打开文件、文件夹、应用程序等。如双击"此电脑"图标，即可打开"此电脑"窗口，如图 1-7 所示。

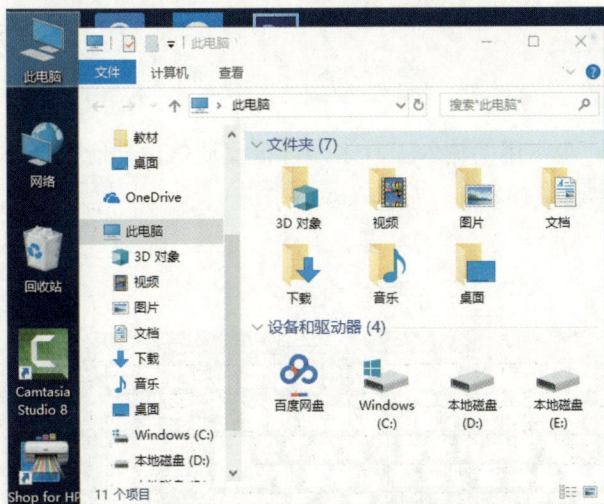

▲ 图 1-7　双击打开"此电脑"窗口

(4) 鼠标的拖动。将鼠标移动到要拖动的对象上，按住鼠标左键不放，然后将该对象拖动到其他位置后再释放鼠标左键即为拖动操作。该操作主要用来移动图标、窗口等，图 1-8 所示即为拖动"此电脑"图标但未松开鼠标的状态。

▲ 图 1-8　拖动图标

(5) 翻页。浏览页面过程中可以使用滚轮进行翻页。

4.　正确使用鼠标的技巧

(1) 握鼠标是怎么舒服怎么握，但是要注意尽量不要使用过小的鼠标，较大的鼠标可以减轻手腕的压力，尽量使用臂力，不用腕力。

(2) 在"控制面板"窗口中"硬件和声音"选项中，单击"鼠标"链接，会弹出一个"鼠标属性"对话框，在其中可以设置鼠标左右手习惯、滑轮操作、双击速度等选项，可根据自己的使用习惯进行设置。

任务 4　使 用 键 盘

1. 认识键盘

键盘是最基本、最常用的输入工具之一，键盘通常由功能键区、主键盘区、编辑键区、数字键区和状态指示灯组成，如图1-9所示。

▲ 图 1-9　键盘结构

(1) 功能键区。功能键区位于键盘的最上端，由 Esc、F1～F12 这 13 个键组成。

Esc 键称为返回键或取消键，用于退出应用程序或取消操作命令。F1～F12 这 12 个键被称为功能键，在不同程序中有着不同的作用。

（2）主键盘区。主键盘区是最常用的键盘区域，由 26 个字母键、10 个数字键以及部分符号和控制键组成。表 1-2 即为对主键盘区按键的功能说明。

表 1-2　主键盘区按键功能

按　键	功　　能
数字键	键盘上有 0～9 共 10 个数字，敲击数字键可以输入对应的阿拉伯数字
字母键	输入英文字母，敲击字母键可以输入对应的小写英文字母
Tab 键	制表键，用以控制光标和组成某些特定组合键
Enter 键	回车键，一般为确认输入的按键，在编辑文档时单击一次，可将光标移动至下一行开始位置，作另起一行使用
空格键	键盘上最大、最长的一个按键，按下该键可使光标向后移动一个字符的空格
Shift 键	上档键，按下该键的同时再按下某个字符键即可输入该键的上档字符
CapsLock 键	大写字母锁定键，在小写字母状态下，按一下该键会持续输入大写字母
Backspace 键	退格键，在编辑文档时按下该键，会删除光标所处位置的前一个字符

（3）编辑键区。编辑键区下面 4 个键为光标方向键，按下该光标方向键，光标将向对应方向移动。上方的编辑键区按键功能如表 1-3 所示。

表 1-3　编辑键区按键功能

按　键	功　　能
PrintScreen 键	抓屏键，该键的作用是将屏幕的当前画面以位图形式保存在剪贴板中，按 PrintScreen 键将捕捉整个屏幕的图像，若按 Alt + PrintScreen 键，则可捕捉活动窗口
ScrollLock 键	屏幕滚动锁定键，使屏幕停止滚动，直到再次按下该键为止，在阅读文档时使用该键能非常方便地翻滚页面，在少数程序中起作用
PauseBreak 键	暂停键，按下该键屏幕显示会暂时停止，按Enter键后屏幕继续显示，在某些电脑启动时，按下该键会停止在启动界面
Insert 键	插入键，在文档编辑时，用于切换插入和改写状态
Home 键	行首键，按下该键，光标将移动到当前行的开头位置，若按下 Ctrl + Home 键，则光标快速移动到文档开头
PageUp 键	向上翻页键，按下该键，屏幕向前翻一页
Delete 键	删除键，按下该键将删除光标所在位置的字符
End 键	行尾键，按下该键，光标将移动到当前行的末尾位置，若按下 Ctrl + End 键，则光标快速移动到文档结尾
PageDown 键	向下翻页键，按下该键，屏幕向后翻一页

(4) 数字键区。数字键区通常也叫做小键盘区，用来进行输入数据等操作。数字键区左上角有一个 NumLock 键，只有该键盘指示灯亮起时，数字键区的键盘才能被激活，可以正常输入数字，当该灯熄灭时，数字键区将作为第二组导航键，执行的是印在数字键旁边的功能。

(5) 状态指示灯。在键盘的右上方，有 NumLock、CapsLock、ScrollLock 三个键的指示灯，当激活对应键的功能时，指示灯会亮起。

注：键盘中涉及的常用快捷键如下：

Ctrl + Esc	显示"开始"菜单
Alt + Tab	切换到另一个窗口
F1	帮助内容
F2	重命名
Alt + F4	关闭当前窗口或退出程序
F5	刷新
Ctrl + F6	切换到当前应用程序中的下一个文本(加 Shift 可以跳到前一个窗口)
Shift + F10	显示当前所选项目的快捷菜单

2. 使用键盘

(1) 正确的坐姿。

打字是一件很轻松、很自然的事情，要做到身体自然放松，并调整双手和键盘之间的距离，以自我感觉舒适为准。如图 1-10 所示，正确的坐姿如下：

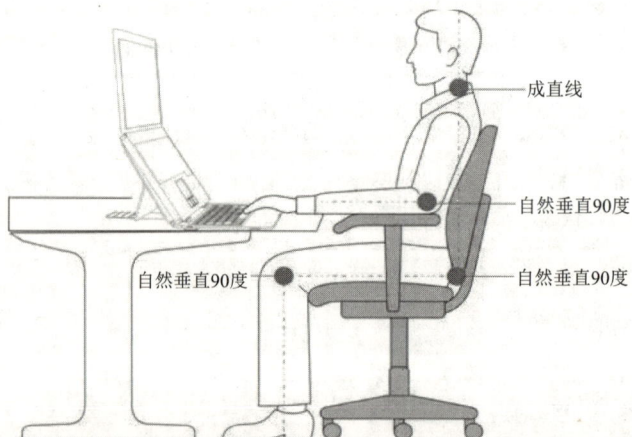

成直线

自然垂直90度

自然垂直90度

自然垂直90度

▲ 图1-10　正确的坐姿

① 电脑屏幕中心位置略低于双眼，应在视线以下 10～20 度，胸部距离键盘 20 厘米左右，眼睛与屏幕的距离应在 50～60 厘米。

② 腰背挺直，身体正对键盘，保持颈部直立，身体微向前倾。

③ 两腿适当分开，膝盖自然弯曲成 90°，双脚自然平放于地面。

④ 小臂与手腕略向上倾斜，手腕不要拱起，从手腕到指尖形成一个弧形，手指指端的第一关节要与键盘垂直。手腕与键盘下边框保持一定的距离(1 厘米左右)。

(2) 正确的指法。

正确的键盘使用方法能大大提高工作效率，同时也有利于身心健康。键盘上的基准键共有七个，即 A、S、D、F、J、K、L，其中，F 键与 J 键上有突起的一横，这是我们两手食指所放的位置，其余手指自然放好，大拇指放在空格键上，每个手指控制的键位如图 1-11 所示。打字时，应保持正确的操作姿势，按指法要求将手准确地放在基准键盘上，眼睛离开键盘，然后开始击键，这就是盲打。开始练习时，手指的动作是由上而下具有弹性的"击"键，而不是"按"键。击键动作要轻快，击一下就缩回来。注意，在击键过程中两眼不能偷看键盘，手指各司其职，不要错位。

▲ 图1-11　各手指控制的键位

(3) 指法练习要点：

➢ 各手指分工明确，各守岗位。

➢ 不看键盘，坚持练习盲打。

➢ 手指迅速回到基准键位。

➢ 依靠手指和手腕灵活运动。

➢ 按键轻重适度。

➤ 操作姿势要正确。

➤ 集中、反复、大量训练。

(4) 在手形和击键方面的常见错误：

➤ 一直压到底，迟迟不起来。

➤ 腕部呆滞，不能与手指跳动配合，既影响手形，也不可能做到击键迅速、声音清脆。

➤ 击键时手指形态变形、翘起或向里勾，手形掌握不到位是初学时常见的现象。

➤ 左手击键时，右手离开基本键，搁在键盘边框上。

➤ 将手腕搁在桌子上击键。

➤ 小指、无名指缺少力量，控制不住。

➤ 眼看键盘，打字动作没有节奏感。

➤ 击上下排按键时，手指离开了基准键位。

项目2　认识计算机——熟悉计算机的硬件系统

项目分析

【项目描述】

了解了计算机的发展史后，我们将走进计算机的世界，直观感受一下计算机的硬件。因此，本项目中，我们了解一下计算机的基本结构及系统组成，同时认识一下支持计算机运行的硬件有哪些，这能够帮助我们选购适合自己的笔记本电脑。

【项目目标】

- 了解计算机的系统组成
- 认识计算机的硬件系统(重点)
- 了解如何选购笔记本电脑(难点)

项目实现

任务1　了解计算机系统

1. 计算机系统组成

计算机系统由硬件系统和软件系统两部分组成，硬件系统是计算机系统的物质基础，是计算机中能够看得见、摸得着的物理实体。软件系统是建立在硬件系统基础之上的，是硬件与用户之间的接口，包括系统软件和应用软件两部分。计算机中的硬件系统与软件系统相互协调、配合作用，二者缺一不可。

2. 计算机的基本结构

虽然计算机的功能各不相同，但我们现在使用的计算机都遵循着冯·诺依曼体系结构，即将计算机分成运算器、控制器、存储器、输入设备和输出设备五个组成部分，每一部分按要求执行相关的功能，它们之间的关系如图 1-12 所示。其中，运算器和控制器构成了计算机的核心，也就是中央处理器(Central Processing Unit，简称 CPU)。

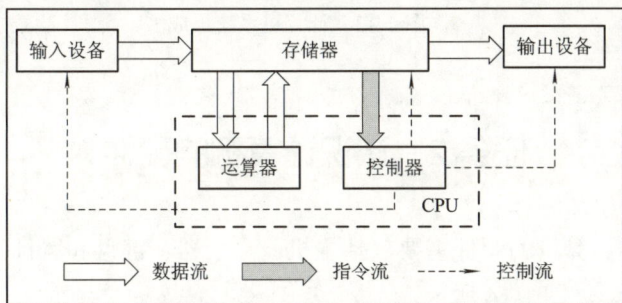

▲ 图1-12　冯·诺依曼体系结构

(1) 控制器(Controller)：控制器是计算机系统的指挥中心，保证各部分按规定的目标和步骤协调工作。计算机自动工作的过程，实际上是自动执行程序的过程，而程序中的每条指令都是由控制器来分析执行的，它是计算机实现"程序控制"的主要部件。

(2) 运算器(Arithmetic Logic Unit，简称ALU)：运算器的主要功能是对数据进行各种运算。这些运算除了常规的加、减、乘、除等基本的算术运算之外，还包括能进行"逻辑判断"的逻辑运算。

(3) 存储器(Memory)：存储器的主要功能是存储程序和各种数据信息，并在需要时提供这些信息。存储器是具有"记忆"功能的设备，包括内存储器和外存储器两部分。内存储器存储的是正在运行的程序和数据，容量小，存取速度快，分为随机存储器(Random Access Memory，简称RAM)和只读存储器(Read Only Memory，简称ROM)两种。外存储器又叫辅助存储器，可以长期存放计算机中的数据信息。

(4) 输入设备与输出设备(Input & Output Device，简称I/O)：输入设备与输出设备合称为外部设备，简称外设，它们都是计算机的重要组成部分。输入设备(Input Device)将信息输入到计算机中，并将其转换为二进制代码，在控制器的控制下，按地址有序地送入计算机内存中，并转换成计算机能够识别的编码。输出设备(Output Device)负责将计算机的运算结果、处理的数据等信息，以人们容易识别的数字、图形、字符等形式表现出来。

以上所有内容构成了我们所熟知的计算机系统，如图 1-13 所示。

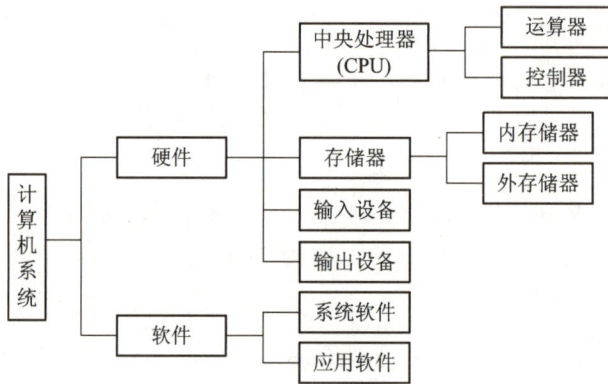

▲ 图 1-13　计算机系统组成

任务 2　认识计算机的硬件

从外观上看，计算机的硬件主要包括主机、显示器、键盘和鼠标，主机的背面有连接各种外设的接口，如图 1-14 所示。

▲ 图 1-14　计算机的外观

主机箱内包含主板、电源、硬盘、内存等各种硬件，下面将详细介绍计算机的硬件组成。

1. 中央处理器(CPU)

CPU 由一片或几片超大规模集成电路组成，如图 1-15 所示，是计算机的"大脑"，是影响计算机系统运行速度的重要因素。

▲ 图 1-15　CPU

2. 主板(Main Board)

主板安装在机箱内，是计算机最基本的也是最重要的部件之一。主板上面安装了组成计算机的主要电路系统，一般有 BIOS 芯片、I/O 控制芯片、键盘和面板控制开关接口、指示灯插接件、扩充插槽、主板及插卡的直流电源供电接插件等元件，如图 1-16 所示。我们所熟知的声卡、网卡一般都是集成在主板上的。

▲ 图 1-16　主板

3. 内存

内部存储器也叫主存储器，是计算机中用来临时存放数据的部件。内存的容量和存取速度直接影响 CPU 处理数据的速度。图 1-17 所示为内存条。

▲ 图 1-17　内存条

4．外存

外储存器简称外存，是指除计算机内存及 CPU 缓存以外的储存器，容量大，存取速度慢，但断电后仍然能保存数据。常见的外存储器有硬盘、光盘和U盘等，如图 1-18 所示。

▲ 图1-18　外存储器

(1) 硬盘是计算机主要的存储媒介之一，主要有机械硬盘(HDD)和固态硬盘(SSD)两种。方便携带的移动硬盘(Mobile Hard disk)是以硬盘为存储介质、容量较大、强调便携性的存储产品。

(2) 光盘是以光信息作为载体来存储数据的一种存储设备，分为不可擦写光盘(如 CD-ROM、DVD-ROM 等)和可擦写光盘(如 CD-RW、DVD-RAM 等)。

(3) U盘，全称 USB 闪存盘，英文名"USB flash disk"。它是一种使用 USB 接口的无需物理驱动器的微型高容量移动存储产品，即插即用，是移动存储设备之一。现在速度较快的 U 盘为 USB 3.1 接口的 U 盘。

5．显卡

显卡(Video card，Graphics card)全称显示接口卡，又称显示适配器，是计算机最基本、最重要的配件之一，承担输出显示图形的任务，如图 1-19 所示。显卡一端接在电脑主板上，另一端与显示器相连接，具有图像处理能力，可协助 CPU 工作，提高整体的运行速度。对于从事专业图像处理的人来说显卡非常重要。

▲ 图 1-19　显卡

6. 机箱与电源

机箱作为计算机配件中的一部分，主要是放置和固定各配件，起到承托和保护作用。此外，机箱还具有屏蔽电磁辐射的重要作用。电源位于机箱中，是把 220 伏(V)交流电转换成直流电、并专门为计算机配件供电的设备，如图 1-20 所示。

▲ 图 1-20　电源

7. 输入设备

输入设备是人与计算机进行交互的一种装置，是计算机与用户或其他设备通信的桥梁。键盘、鼠标、摄像头、扫描仪、手绘板、游戏杆、语音输入装置等都属于输入设备，如图 1-21 所示。

▲ 图 1-21　输入设备

8. 输出设备

输出设备是计算机硬件系统的终端设备，用于接收计算机输出的显示、打印、声音、控制外围设备操作等数据。常见的输出设备有显示器、打印机、影像输出系统、语音输出系统等，如图 1-22 所示。

▲ 图 1-22 输出设备

任务3 如何选购笔记本电脑

笔记本电脑由于体积小、便于携带，是很多学生购买电脑的首选对象，但很多学生对笔记本电脑还不是十分了解，而不同品牌的笔记本电脑差别又很大，因此，在选购前要对其有一个深入的了解。

1. 分析自己的购买需求

(1) 明确使用需求。如果你的电脑经常要运行动画软件、影视后期处理或玩大型游戏，那么笔记本的 CPU 和显卡性能就显得极为重要了，需要配置高一些，因为这些程序将耗费大量的计算机资源。如果你买笔记本只是为了看视频、刷网页、满足日常办公需求，那么现在市面上的笔记本电脑基本上都适用。

(2) 关注电脑品牌。现在市场上电脑品牌较多，为了保证不经常去修电脑，建议选择大品牌的笔记本电脑，毕竟质量有保障。比如联想(ThinkPad)、戴尔(Dell)、惠普(HP)、三星(Samsung)、华为(HUAWEI)、华硕(Asus)等。

(3) 关注价格。一般来说，绝大多数电脑的性能往往和价格成正比，在买之前，可以先到正规商店看一下价格，再到网上商城对比一下，做到心中有数。

(4) 关注散热。笔记本电脑的散热是很重要的一个方面，毕竟笔记本电脑产生的热量就是自身稳定性最大的敌人，轻则引起笔记本电脑死机、系统崩溃，重则加快笔记本电脑老化以及内部元件损坏，甚至有可能烧毁硬件。

(5) 关注外观。很多人在买笔记本电脑时，注意笔记本电脑的厚薄和外观，这主要看个人的喜好，一般来说轻薄的笔记本电脑性能相对要差一些，但续航能力很强。

2. 了解笔记本电脑的分类

市面上的笔记本电脑大多分为以下几类，在选购时可以依据自己的具体需求进行选择。

(1) 轻薄本：重量在 1～2 kg，便于携带，轻薄，待机时间长，但性能体验一般，可满足一般学生需求，价格 3000～8000 元。

(2) 游戏本：重量 2 kg 以上，适合运行大型游戏，游戏发烧友必备，价格一般 5000 元以上。

(3) 上网本：适合看电影和听音乐，可满足日常基本上网需求，配置低，便于携带，价格也比较低，一般在 3000 元左右。

(4) 商务本：尺寸小，便携性好，安全性高，大多配有指纹解锁，价格不等，可以完美满足办公需求。

3. 选购笔记本的技巧

(1) 看 CPU。选电脑一般从 CPU 开始选择，CPU 的性能主要体现在运行速度上。以现在主流的英特尔酷睿系列为例，该系列以 i 开头，CPU 命名方式一般为 i + 3/5/7/9 - 代数 + 电压级别。一般 i 后面的数字越大代表处理器性能越好，在一般情况下处理器性能 i9＞i7＞i5＞i3。代数一般为四位数，数字越大表示 CPU 越新。U 代表低电压版处理器，M 代表标准电压版处理器，H 代表超高主频版处理器并且无法更换，Q 表示四核处理器，Y 结尾是超低电压。可理解为 U、Y 是低性能处理器，一般用于轻薄本；HQ 为标准性能处理器，一般用于 5000～10 000 元的游戏本；HK 为高性能处理器，一般用于 10 000 元以上的游戏本。如 i7-6700HQ 即超高主频的四核处理器且无法更换 CPU。

(2) 看显卡。显卡一般分为核心显卡(集成显卡)和独立显卡两类，集成显卡不足以运行大型游戏，独立显卡则性能较强。以英伟达显卡(NVIDIA)为例，GTX 开头表示高端显卡，GT 指低端显卡，GF 指入门级显卡；Ti 后缀代表高速加强版；GTX 后面的第一个数字代表第几代显卡，之后的数字代表级别，数字越大性能越强。比如 GTX1070，表示第十代的第七级别显卡。AMD 显卡经多次叠代，命名规则也发生多次变化，如今以 Radeon RX 系列显卡性能最为强劲。

(3) 看内存。内存的好坏直接影响电脑的运行速度，内存越大越好，过小的内存会引起电脑使用卡顿，因内存价格不是十分昂贵，建议选择 8 G 以上，若运行大型程序，推荐 16 G。

(4) 看硬盘。硬盘影响开机速度和软件的运行速度，现在稍好的笔记本都搭载固态硬盘，数值越大越好。如 128G SSD + 1T，意味着这款笔记本配置了 128G 的固态硬盘和 1T的机械硬盘。

(5) 多对比。对自己已选择好的品牌和型号去多家店面进行对比，不要随意接受不熟悉的型号或赠品，这些都会影响最终的价格。

(6) 要发票。无论是网上还是实体店购买笔记本，都要索要正规发票，这是以后保修的重要凭证，以免在售后维修时遇到麻烦。

项目3　使用计算机——熟悉计算机的软件系统

项目分析

【项目描述】

计算机只有硬件系统和软件系统结合在一起，才能够正常工作。在学习了计算机的硬件系统后，还需要继续学习计算机的软件系统，并掌握常用应用软件的安装及使用方法，同时还要学习输入法中标点符号的输入方法。

【项目目标】

- 认识计算机的软件系统
- 掌握常用应用软件的安装和使用(重点、难点)
- 能够正确进行中英文标点符号的输入(难点)

项目实现

任务1　认识计算机的软件系统

1. 了解计算机软件的定义

计算机软件(Computer Software)是指计算机系统中的程序及其文档。如果把计算机比喻为一个人的话，那么硬件就表示人的身躯，而软件则表示人的思想、灵魂。一台没有安装任何软件的计算机称为"裸机"。用户主要通过软件与计算机进行交流。计算机软件分为系统软件和应用软件两类。

2. 认识系统软件

系统软件负责管理计算机中的硬件，是无须用户干预的各种程序的集合。我们开机后进入的第一个界面即操作系统(Operating System，OS)界面，如 Windows 10 就是一个操作系统软件。

3. 认识应用软件

应用软件是为满足用户不同领域、不同问题的应用需求而提供的软件。它可以拓宽计算机系统的应用领域，放大硬件的功能。需先安装操作系统后再安装应用软件，如 Word、Excel、QQ 等都属于应用软件。

任务2　常用应用软件的安装与使用

1. 安装搜狗拼音输入法

在计算机中，所有软件的安装步骤都比较类似，在这里，仅以搜狗拼音输入法的安装过程为例，介绍一下应用软件的安装方法。

(1) 双击素材文件夹下的搜狗拼音输入法安装程序，弹出如图 1-23 所示的安装界面。

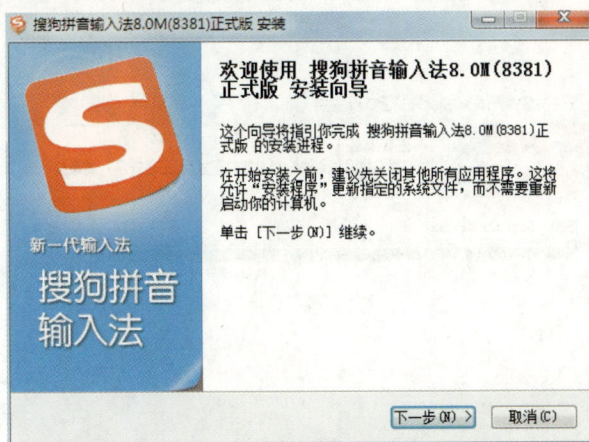

▲ 图 1-23　搜狗拼音输入法安装界面

(2) 单击"下一步"按钮，弹出"选择组件"对话框，这里不需要做任何选择，再次单击"下一步"按钮。

(3) 当看到如图 1-24 所示的安装界面时，需要单击"目标文件夹"右侧的"浏览"按钮，选择输入法要安装的位置，然后单击"安装"即可。

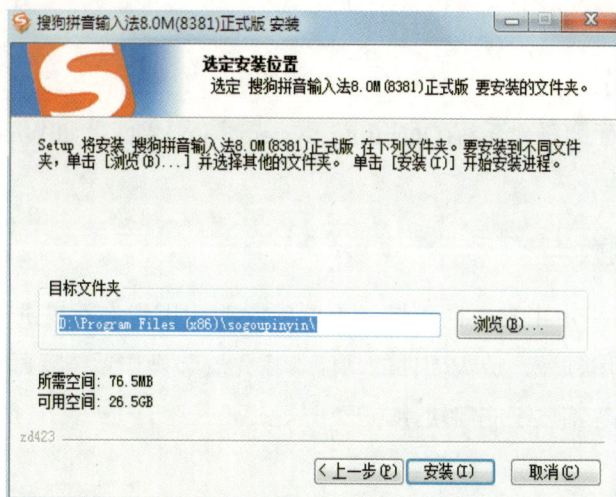

▲ 图 1-24　选择安装路径

> **注：** 在安装应用软件时，因为 C 盘是系统盘，因此，所有应用软件在安装时都尽量选择除 C 盘以外的其他磁盘。

(4) 当看到如图 1-25 所示的界面时，只需静待进度条读完即可。

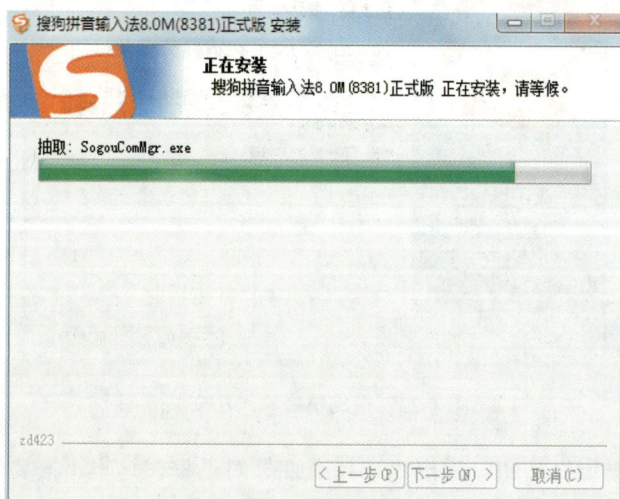

▲ 图 1-25　安装过程

(5) 当安装完成后，会弹出如图 1-26 所示的界面，这时，要选择"否，我稍后再自行重新启动(N)", 然后单击"完成"按钮, 输入法就已经安装成功。

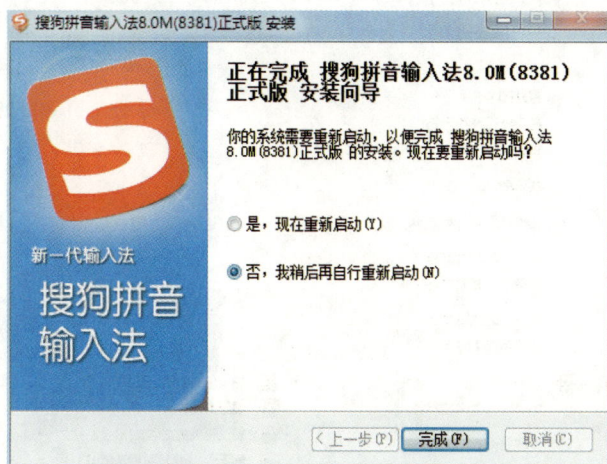

▲ 图 1-26 输入法安装完成

2. 使用 WinRAR 压缩软件

(1) 压缩/解压缩文件或文件夹, 在要压缩的文件或文件夹上单击鼠标右键, 在弹出的右键菜单中单击"WinRAR"子菜单中的"添加到 + 文件/文件夹名"选项(以压缩"计算机应用基础"文件夹为例), 如图 1-27 所示, 即可快速压缩一个文件或文件夹。

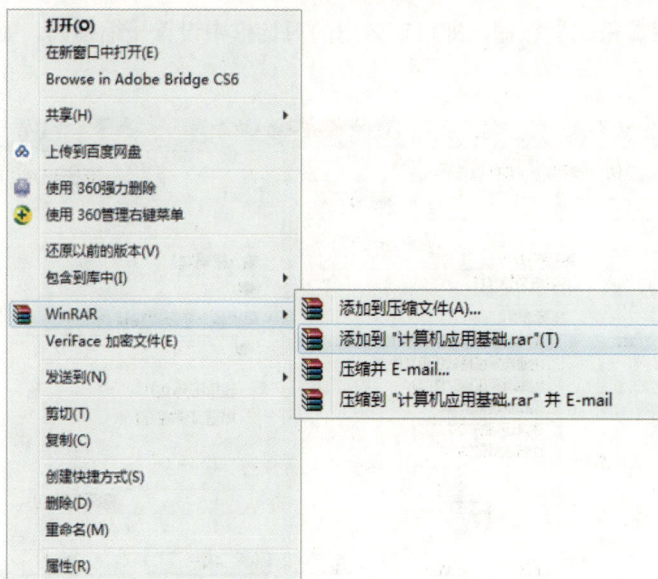

▲ 图 1-27 压缩文件/文件夹

(2) 解压缩文件, 在压缩的文件上单击鼠标右键, 在弹出的右键菜单中单击

"WinRAR"子菜单中的"解压到 + 文件夹名"选项，即可将压缩的文件解压到与压缩包同名的文件夹下，如图1-28所示。

▲ 图 1-28　解压缩文件

(3) 带密码压缩。

① 打开"WinRAR"软件，单击左上角的"添加"按钮，会弹出"压缩文件名和参数"对话框，单击"设置密码"按钮，即可在弹出的对话框中设置压缩密码。如图1-29所示。

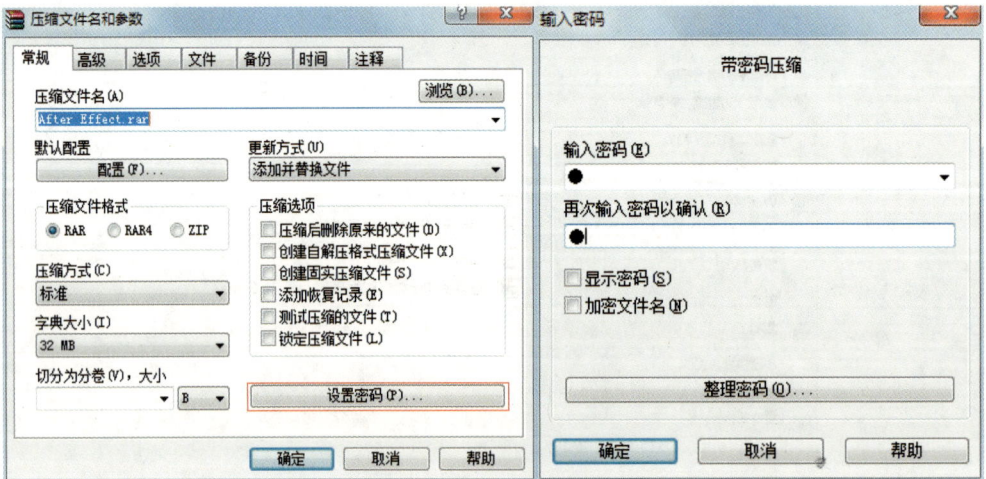

▲ 图 1-29　压缩对话框

② 在"常规"选项卡中设置好压缩路径及文件名后，单击"文件"选项卡，在如

图 1-30 所示的界面中添加要压缩的文件或文件夹，即可完成带密码的压缩。

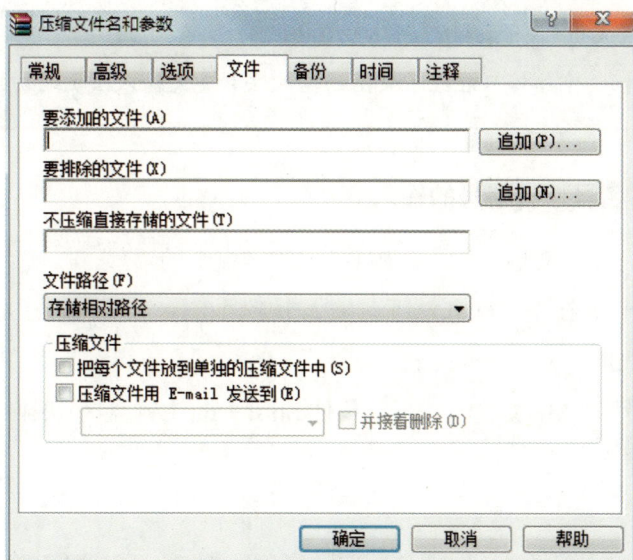

▲ 图 1-30 添加压缩文件

注：当压缩的文件或文件夹是带有压缩密码时，在解压缩时也必须输入正确的密码才能够将文件或文件夹解压缩。

任务3 输入中英文标点符号

1. 全角和半角的输入

打开"记事本"，在其中输入半角数字"12345"，按 Shift + 空格键切换到全角状态，再输入"12345"，即可发现输入的数字变成了"１２３４５"，这是因为一个全角字符占两个半角字符的位置。

2. 中英文逗号和句号的输入

在英文输入法下，输入逗号(,)和句号(.)，再切换到中文输入法下，输入逗号(,)和句号(。)，发现它们的样子也有了变化，这是因为中英文标点符号对逗号和句号的要求是不一样的，大家在输入时要注意。

> **注**：中英文标点符号切换的快捷键为Ctrl＋.。
>
> 按Ctrl＋空格键可在经常使用的输入法和英文输入法之间切换。

3. 顿号、书名号、省略号的输入

(1) 输入顿号。在中文输入法下，顿号(、)为键盘上的"\"键。

(2) 输入书名号。在中文输入法下，输入书名号(《》)需要按住 Shift 键，再按键盘上的"，"或"。"键。

(3) 输入省略号。在中文输入法下，按住 Shift＋6 (主键盘区)快捷键，可快速输入省略号(……)。

项目 4　深入计算机——认识计算机的信息存储

项目分析

【项目描述】

计算机加工处理的对象是数据。除了数学上的数值以外，像字符、汉字、符号、声音、图形、图像等在进行数字编码后都可称之为数据。那么计算机内部对这些不同类型的数据是如何存储和处理的呢？本项目主要介绍计算机中度量信息的数据单位，数制及数制间的对照关系，二进制数的运算规则以及不同数制间的转换方法。

【项目目标】

- 认识计算机中的数据单位
- 了解数制及数制间的对照关系(重点)
- 掌握二进制的运算规则(重点)
- 能够进行数制间的转换(难点)

项目实现

任务1　认识计算机中的数据单位

1. 计算机中的数据存储

计算机中的数据在计算机内部都是以二进制形式(即 0、1 代码)进行存储和运算的，但计算机在与用户进行交流时，则采用了人们熟悉和便于记忆的形式，这之间的转换是由计算机系统来完成的。

2. 计算机中的数据单位

(1) 位(bit，又称比特)：位是计算机中存储数据的最小单位，每一个二进制代码占 1 位。

(2) 字节(Byte，简称 B)：存储器中所包含存储单元的数量称为存储容量，存储容量的基本单位是字节，1 Byte = 8 bit。

(3) 比字节大的单位还有 KB(千字节)、MB(兆字节)、GB(吉字节)、TB(太字节)等，它们之间的换算关系是：

$$1 \text{ KB} = 1024 \text{ B}，1 \text{ MB} = 1024 \text{ KB}，1 \text{ GB} = 1024 \text{ MB}，1 \text{ TB} = 1024 \text{ GB}$$

(4) 字长：字长指计算机在同一时间中处理二进制数的位数。字长直接反映了一台计算机的计算精度，是衡量计算机性能的一个重要指标。字长越大的计算机，数据处理的速度就越快。计算机的字长通常是字节的整数倍，如 8 位、16 位、32 位、64 位和 128 位等。目前，市面上的计算机处理器的字长大部分已达到 64 位。

任务 2　了解数制及数制间的对照关系

1. 常用的几种数制

数制是指用一组固定的符号和统一的规则来表示数值的方法。我们在日常生活中主要使用十进制，而计算机中数据的表示只使用二进制，但二进制数码对人来说不便于读写。为了开发程序、阅读机器代码和数据的方便，我们经常使用八进制数和十六进制数来等价地表示二进制数。二进制数就是逢 2 进 1 的数字表示方法，同理，十进制数为逢 10 进 1，八进制数为逢 8 进 1，十六进制数为逢 16 进 1。这种按照进位方式计数的数制称为进位计数制。几种常用数制的英文如下：

二进制——Binary，十进制——Decimal

八进制——Octal，十六进制——Hexadecimal

2. 数制的表示形式

在写一个数字的时候，必须标明对应的数制。常在数字后面加上其对应数制的英文单词的第一个字母标识，也可以将数字用小括号括起来，在右下角用下标标明对应数制。如十六进制数 7D.3B 可写成 7D.3BH 或$(7D.3B)_{16}$两种形式。由于十进制使用最为普遍，所以不加任何标识的数字默认为十进制数。常用的几种进位数制表示如表1-4 所示。

表 1-4 常用的几种进位数制表示

数制	基数	进位规则	数字符号(数码)	形式表示
二进制	2	逢2进1	0, 1	B
八进制	8	逢8进1	0, 1, 2, 3, 4, 5, 6, 7	O
十进制	10	逢10进1	0, 1, 2, 3, 4, 5, 6, 7, 8, 9	D
十六进制	16	逢16进1	0, 1, 2, 3, 4, 5, 6, 7, 8, 9, A, B, C, D, E, F	H

基数：基数为数制中数码的个数，R 进制的基数 = R。

位权：位权为一个与数字位置有关的常数，位权 = R^n，其中n的取值以小数点为界，向左分别为0，1，2，3，…，向右分别为 −1，−2，−3，…。

例：$(265.3)_{10} = 2 \times 10^2 + 6 \times 10^1 + 5 \times 10^0 + 3 \times 10^{-1}$。

3. 常用数制对照关系

常用数制对照关系如表 1-5 所示。

表 1-5 常用数制对照关系表

十进制数	二进制数	八进制数	十六进制制
0	0000	0	0
1	0001	1	1
2	0010	2	2
3	0011	3	3
4	0100	4	4
5	0101	5	5
6	0110	6	6
7	0111	7	7
8	1000	10	8

9	1001	11	9
10	1010	12	A
11	1011	13	B
12	1100	14	C
13	1101	15	D
14	1110	16	E
15	1111	17	F
16	10000	20	10

任务3　二进制数间的运算

1. 算术运算

加法(逢 2 进 1)：

$$0+0=0,\ 0+1=1,\ 1+0=1,\ 1+1=10$$

减法(借 1 当 2)：

$$0-0=0,\ 0-1=1(借位),\ 1-0=1,\ 1-1=0$$

乘法：

$$0\times0=0,\ 0\times1=0,\ 1\times0=0,\ 1\times1=1$$

除法：

$$0\div1=0,\ 1\div1=1$$

2. 逻辑运算

与运算：

$$0\wedge0=0,\ 0\wedge1=0,\ 1\wedge0=0,\ 1\wedge1=1 \qquad (两逻辑变量同为 1 时，结果为 1)$$

或运算：

$$0\vee0=0,\ 0\vee1=1,\ 1\vee0=1,\ 1\vee1=1 \qquad (两逻辑变量同为 0 时，结果为 0)$$

非运算：

$$\overline{0}=1,\ \overline{1}=0 \qquad (非 0 等于 1，非 1 等于 0)$$

异或运算：

$$0\oplus0=0,\ 0\oplus1=1,\ 1\oplus0=1,\ 1\oplus1=0 \qquad (两逻辑变量相异，结果为 1)$$

3. 二进制数运算举例

例 1：110011 + 101011 = 1011110

$$
\begin{array}{r}
110011 \\
+\ 101011 \\
\hline
1011110
\end{array}
$$

例 2：11111 − 10101 = 1010

$$
\begin{array}{r}
11111 \\
-\ 10101 \\
\hline
1010
\end{array}
$$

例 3：1001 × 1101 = 1110101

$$
\begin{array}{r}
1001 \\
\times\ 1101 \\
\hline
1001 \\
1001\ \ \\
1001\ \ \ \ \\
\hline
1110101
\end{array}
$$

例 4：11001 ÷ 101 = 101

$$
\begin{array}{r}
101 \\
101\,)\overline{11001} \\
101\ \ \ \\
\hline
101 \\
101 \\
\hline
0
\end{array}
$$

任务 4　数制间的转换

1. 将非十进制数转换成十进制数

把各非十进制数按位权展开求和即可。

(1) 二进制数转换成十进制数。例：

$101.11B = (101.11)_2 = 1 \times 2^2 + 0 \times 2^1 + 1 \times 2^0 + 1 \times 2^{-1} + 1 \times 2^{-2} = (5.75)_{10}$

(2) 八进制数转换成十进制数。例：

$35.24O = (35.24)_8 = 3 \times 8^1 + 5 \times 8^0 + 2 \times 8^{-1} + 4 \times 8^{-2} = (29.3125)_{10}$

(3) 十六进制转换成十进制数。例：

$2A.7FH = (2A.7F)_{16} = 2 \times 16^1 + A \times 16^0 + 7 \times 16^{-1} + F \times 16^{-2}$

$= 2 \times 16^1 + 10 \times 16^0 + 7 \times 16^{-1} + 15 \times 16^{-2}$

$= (42.496094)_{10}$

2. 将十进制数转换成非十进制数

我们用 r 进制代表二、八、十六进制，则转换方法就是：对于整数部分，"除 r 取余，自下而上"；对于小数部分，"乘 r 取整，自上而下"。

例：将十进制数$(68.3125)_{10}$转换为二进制数。

(1) 我们先转换整数部分，转换方法就是"除 2 取余，自下而上"。

$$
\begin{array}{r|l}
2 & 68 \\
2 & 34 \\
2 & 17 \\
2 & 8 \\
2 & 4 \\
2 & 2 \\
2 & 1 \\
& 0
\end{array}
\quad
\begin{array}{l}
\text{余数} \\
\text{-------} 0 \\
\text{-------} 0 \\
\text{-------} 1 \\
\text{-------} 0 \\
\text{-------} 0 \\
\text{-------} 0 \\
\text{-------} 1
\end{array}
$$

低位 ↑ 高位   即$(68)_{10} = (1000100)_2$

(2) 小数部分的转换方法是"乘 2 取整,自上而下"。

整数

$0.3125 \times 2 = 0.625$ --------- 0   高位

$0.625 \times 2 = 1.25$ --------- 1

$0.25 \times 2 = 0.5$ --------- 0

$0.5 \times 2 = 1.0$ --------- 1   低位   即$(0.3125)_{10} = (0.0101)_2$

所以$(68.3125)_{10} = (1000100.0101)_2$。

同理,十进制数转换为八进制数的方法就是"整数部分除 8 取余,小数部分乘 8 取整",十进制数转换为十六进制数的方法就是"整数部分除 16 取余,小数部分乘 16 取整",这里就不再赘述。

3. 将二进制数转换成八进制数、十六进制数

二进制数转换成八进制数(十六进制数),只要以小数点为界,向左向右每 3 位(4 位)二进制数用 1 位八进制数(十六进制数)来代替即可,不足 3 位(4 位)的用 0 补足。例:

(1) 将二进制数 $(1100101001011.1101)_2$ 转换为八进制数。

二进制数   001 100 101 001 011 . 110 100

八进制数   1   4   5   1   3 . 6   4

所以,$(1100101001011.1101)_2 = (14513.64)_8$。

(2) 将二进制数 $(11010111101.1010001)_2$ 转换为十六进制数。

二进制数   0110 1011 1101 . 1010 0010

十六进制数   6   B   D . A   2

所以,$(11010111101.1010001)_2 = (6BD.A2)_{16}$。

4. 将八进制数、十六进制数转换成二进制数

把一个八进制数(十六进制数)转换成二进制数,只要将 1 位拆分成 3 位(4 位)即

可。例：

(1) 将八进制数 $(572.3)_8$ 转换为二进制数。

八进制数　　5　　7　　2 . 3

二进制数　101　111　010 . 011

所以，$(572.3)_8 = (101111010.011)_2$。

(2) 将十六进制数 $(4C2.F6)_{16}$ 转换为二进制数。

十六进制数　4　　C　　2 . F　　6

二进制数　0100 1100 0010 . 1111 0110

所以，$(4C2.F6)_{16} = (10011000010.1111011)_2$。

本 模 块 小 结

本模块共介绍了 4 个典型项目，了解了计算机的发展历程、特点、应用领域及未来发展趋势，同时，介绍了计算机的硬件系统和软件系统，掌握了正确开关机的方法，键盘、鼠标的使用，文字录入的技巧，对于同学们如何选购笔记本电脑也进行了详细的讲解，最后，介绍了计算机中的信息存储原理以及计算机中的数制及数制间的转换方法。

课 后 习 题

一、单选题

1. 计算机的软件系统包括(　　)。

A. 编译软件和应用软件

B. 应用软件和系统软件

C. 系统软件和数据库软件

D. 中文字处理软件和程序

2. 下列各组数据中，完全属于外部设备的是(　　)。

A. 内存、硬盘和打印机

B. 打印机、键盘和鼠标

C. CPU、显示器和键盘

D．CPU、内存和硬盘

3.世界上第一台电子计算机诞生于(　　)年。

A．1942

B．1946

C．1956

D．1962

4.64位计算机指它所用的CPU(　　)。

A．一次能处理64位二进制数

B．能处理64位二进制数

C．只能处理64位二进制定点数

D．有64个寄存器

5.数据在计算机内部都是以(　　)进行存储和运算的。

A．二进制数

B．八进制数

C．十进制数

D．十六进制数

6.KB(千字节)是度量存储器容量大小的常用单位之一，1 KB等于(　　)。

A．1000B

B．1024B

C．1024bit

D．1024MB

7.下列存储器中，属于外部存储器的是(　　)。

A．ROM

B．RAM

C．Cache

D．硬盘

8.扫描仪属于(　　)。

A．输出设备

B．存储设备

C．输入设备

D．特殊设备

9.二进制数101101转换为十六进制数是(　　)。

A．2D

B. 2C

C. 55

D. 1D

10. 为了避免混淆,十六进制数在书写时常在后面加上字母(　　)。

A. B

B. D

C. H

D. O

二、填空题

11. 通常,只有硬件而没有软件的计算机被称为_____。

12. 世界上第一台电子计算机叫作_____。

13. 计算机系统包括_____和_____两类。

14. CAI 的中文意思是_____。

15. 二进制数 10010110 减去二进制数 110000 的结果是_____。

16. 在正确的指法录入中,字母 T 应该用_____手_____指。

三、操作题

17. 练习在记事本中输入下列内容,如有误,请用右手小指按 Backspace 键删除。

"''" ..... ///// st;!

;'ad ?[]{} -=+∨

asd;f ghjk;l rtyu] zxcv/

tpa/, o[p]; wfou'qzpm.

18. 在计算机上安装任意一款 PDF 阅读器软件。

19. 练习将台式机的键盘、鼠标、显示器、摄像头、音箱进行正确连接。

模 块 二

Windows10 操作系统

　　计算机通过操作系统对硬件资源和应用软件进行统一的管理和控制，使计算机操作变得更加简单和快捷。Windows 操作系统是微软公司推出的主流操作系统，现在个人电脑的标配就是 Windows 10 版本，它可以在 PC 和平板两个模式下进行切换，是一个优秀的人机交互操作平台。

本模块学习目标

➢　初识操作系统 —— 了解 Windows 10 操作系统

➢　使用操作系统 —— 个人工作环境定制

➢　使用文件与文件夹 —— 个人文件规划

项目1 初识操作系统——了解 Windows 10 操作系统

项目分析

【项目描述】

在使用计算机进行各项专业操作之前，首先要熟练灵活地使用操作系统。本项目将介绍操作系统的桌面组成，通过"计算机"窗口、任务栏和"开始"菜单属性对话框及控制面板熟悉 Windows 窗口、对话框和控制面板的基本操作，为后续的学习打好操作基础。

【项目目标】

- 认识 Windows 10 桌面
- 熟悉"开始"菜单和任务栏，能对"开始"菜单和任务栏进行设置(重点)
- 掌握对"此电脑"窗口进行操作的方法(重点)
- 掌握控制面板的使用(重点)

项目实现

任务1 认识 Windows 10 桌面

1. 启动与退出 Windows 操作系统

(1) 启动：接通电源后，首先按下显示器的电源按钮开启显示器，然后按下主机的电源按钮，计算机开始进行主板、内存、CPU、显卡等硬件的自检状态，自检完成后，计算机启动成功，第一个进入的即是 Windows 10 系统桌面。

(2) 退出：单击左下角的"开始 ⊞ "按钮(或按 Ctrl + Esc 组合键)，在"开始"菜单中单击"电源 ⏻ "按钮，选择"关机"，即退出操作系统。

(3) 重新启动：如果计算机出现故障或死机等现象，可以单击"电源"按钮中的"重启"命令尝试解决问题。

2. 认识 Windows 10 桌面

桌面是 Windows 操作系统和用户之间的桥梁，Windows 中几乎所有的操作都是在桌面上完成的。Windows 桌面包括桌面背景、桌面图标、任务栏三个部分。如图 2-1 所示。

▲ 图 2-1　Windows 10 桌面组成

(1) 桌面背景：桌面背景是在屏幕上显示出来的直观表现，相当于一个人的脸面，可以是颜色、图案，也可以是一组幻灯片程序，根据个人喜好可以设置自己喜欢的背景。

(2) 桌面图标：桌面图标是打开某个程序或文件的快捷途径，双击桌面图标可快速打开其对应的程序或文件。桌面图标默认的有"此电脑 💻""网络 🖥""回收站 🗑"等系统图标，还包括一些常用程序的快捷图标及文件和文件夹等，也可根据个人喜好自己添加。

(3) 任务栏：任务栏是位于桌面最底部的长条，是使用最频繁的桌面元素之一。

任务2　熟悉"开始"菜单和任务栏

1. 熟悉"开始"菜单

"开始"菜单是启动应用程序最直接的工具，其中包括系统中所有的应用程序，通过"开始"菜单可对 Windows 进行各种操作。单击任务栏左下角的"Windows 图标 ⊞"按钮，即可打开"开始"菜单，其各组成部分如图 2-2 所示，左侧为系统所有程序，按字母顺序排列，右侧为常用程序的快捷方式。

▲ 图 2-2　Windows 10 开始菜单

2. 熟悉任务栏

任务栏除了刚才介绍的"开始"菜单按钮外，还包括搜索栏、任务区、通知区和"显示桌面"三个部分，如图 2-3 所示。

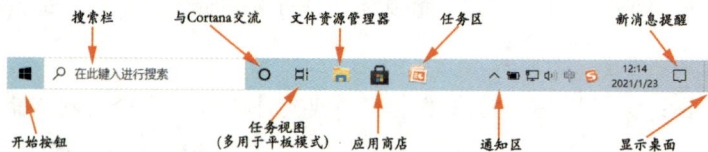

▲ 图 2-3　任务栏

(1) 搜索栏：在搜索框内直接输入想要查找的内容即可，该搜索按钮同时支持语音搜索。

(2) 任务区：任务区用于显示程序的快速启动图标或已打开的程序或文件，同一程序的不同窗口将自动合并，鼠标指针移到图标上则会出现已打开窗口的缩略图，再次单击则打开该窗口；鼠标指针移到图标上右击，在菜单中可选择"关闭窗口"，还可以在窗口之间进行快速切换；在任务区单击鼠标右键，在快捷菜单中单击"显示桌面"按钮，则其他窗口最小化且快速显示桌面。

(3) 通知区：通知区位于任务栏的右侧，显示一些特定程序、输入法、时钟、音量、网络、通知等图标。安装某些应用程序时(如QQ)，程序的图标会自动添加到通知区域。在任务栏上单击鼠标右键选择"任务栏设置"，在通知区域中的"选择哪些图标显示在任务栏上"中进行设置，如图 2-4 所示。

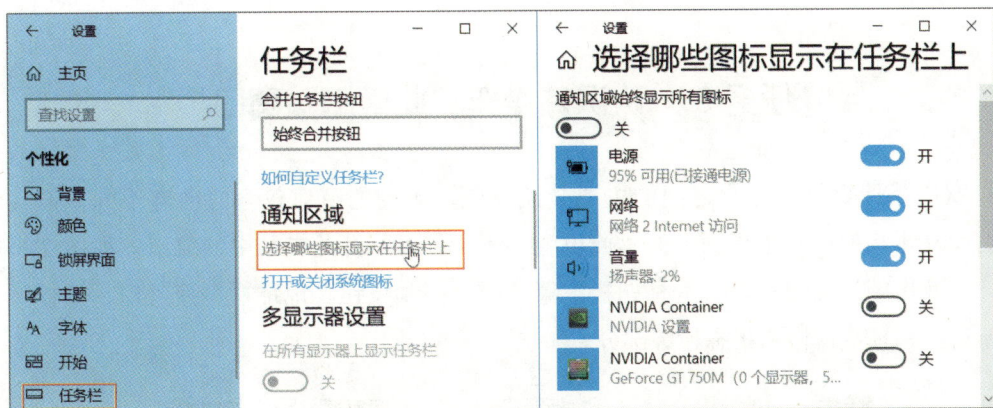

▲ 图 2-4　更改图标和通知的显示方式

(4)"显示桌面"按钮:"显示桌面"按钮是位于任务栏最右侧的一个矩形按钮,将鼠标指针移到任务栏的最右侧单击即可显示桌面。

> 注:显示桌面也可以使用Win + D快捷键,即在任意一个界面下,按该快捷键都可以快速地退回到桌面状态。

3. 设置 "开始" 菜单和任务栏

在 Windows 图标按钮上单击鼠标右键,在弹出的右键菜单中选择"设置",点击"个性化"选项,单击其中的"开始"或"任务栏"选项,即可对"开始"菜单或任务栏的相关属性进行设置,如图 2-5 所示。

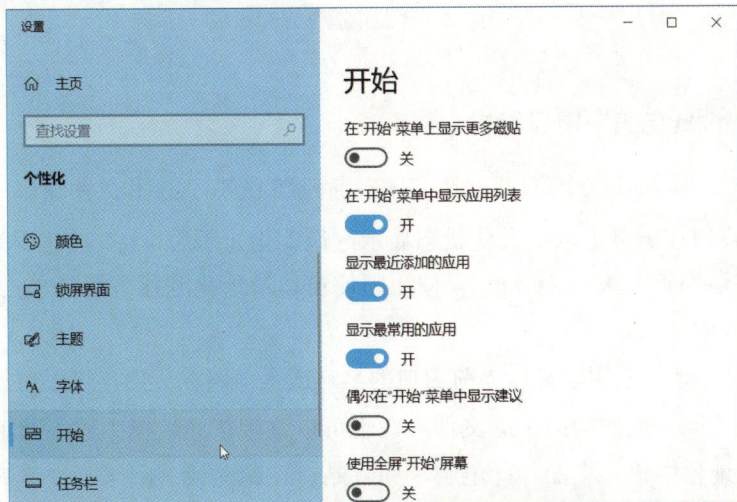

▲ 图 2-5　任务栏和"开始"菜单属性

任务 3　认识并操作"此电脑"窗口

窗口是计算机与用户之间的主要交流场所，不同的窗口包含的内容不同，但其组成结构基本相似。双击桌面上的"此电脑"图标，可打开此电脑中的窗口，如图 2-6 所示。"此电脑"窗口可以分为标题栏、菜单栏、控制按钮、地址栏、搜索框、工作区、导航窗格、预览窗格和状态栏等部分。

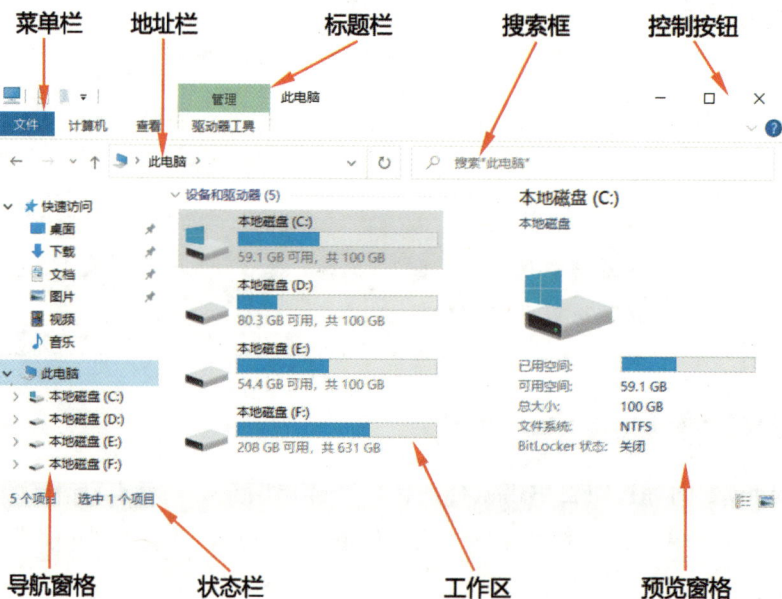

▲ 图 2-6　"此电脑"窗口组成

1. 了解"此电脑"窗口组成

(1) 标题栏：标题栏位于窗口顶部，其右侧有控制窗口大小和关闭窗口的按钮，单击 □ 按钮将使窗口在屏幕上以最大化状态显示，最大化显示后，□ 按钮变为 ⧉ 按钮，单击该按钮将还原窗口大小；单击 — 按钮则使窗口最小化到任务栏；单击 ✕ 按钮可关闭窗口。

(2) 地址栏：地址栏用于显示当前窗口的名称或具体路径。用户可以通过下拉列表选择地址，快速访问本地或网络中的文件夹，也可以直接在地址栏中输入网址，访问互联网。用户在地址栏中输入桌面、此电脑、回收站、控制面板、网络、收藏夹、视频、图片、文档、音乐、游戏和联系人等，就可以直接访问这些位置，从而提高了计算机的使用效率。

(3) "后退→"和"前进←"按钮："后退"和"前进"按钮用于快速访问上一个和下一个浏览过的位置。单击"前进"按钮右侧的小箭头 ∨ 后，可以显示浏览列表，以便于快速定位。

(4) 搜索框：Windows 10 随处可见类似的搜索框，在搜索框中输入关键字的一部分时，搜索就已经开始，随着输入关键字的增多，搜索的结果会被反复筛选，直到搜索到需要的内容，具体的搜索选项可在搜索菜单中进行设置。

(5) 菜单栏：单击每个菜单，会弹出对应菜单的相关属性，用户可根据需要对窗口中的显示内容进行设置。

(6) 工作区：工作区用于显示当前浏览位置包含的所有操作对象，在"此电脑"窗口中，显示了当前计算机磁盘分区情况。硬盘分区把不同的文件分开储存，方便管理和维护计算机。

① C 盘：C 盘是硬盘主分区之一，一般用于储存或安装系统使用，大部分 C 盘内的文件主要由Windows、Program Files 等系统文件夹组成。Program Files 文件夹一般都是安装软件的默认位置，但是也是最容易发现病毒的位置，一旦中毒，有可能要重新安装操作系统，所以要对 C 盘进行严密保护，平时存放数据尽量不要放在 C 盘。

② 其他盘符：其他盘符是可根据实际需要划分的硬盘区域。个人电脑可按类存储文件在各盘符中，在公共的授课机房，文件要存在开放盘符下，其他盘符设置了开机还原，文件不能保存。

(7) 导航窗格：导航窗格以树形图的方式提供了"快速访问""此电脑"和"网络"等节点。用户可以通过这些节点快速切换到相应的位置。同时该窗格中还根据不同位置的类型，显示了多个节点，每个节点可以展开或合并。

(8) 预览窗格：默认情况下，预览窗格为关闭状态，单击"查看"菜单中的"预览窗格"按钮即可将其打开。如果在窗口工作区内选定了某个文件，其内容就会显示在预览窗格中，从而可以直接查看文件的详细内容。

(9) 状态栏：在文件窗格中单击某个文件或文件夹后，细节窗格中就会显示该对象的属性信息，具体内容取决于所选对象的类型。

2. 移动窗口

将鼠标指针移动到窗口标题栏空白处，按住鼠标左键并拖动窗口到目标位置释放鼠标。窗口可以移动到桌面的任意位置。

3. 改变窗口大小

窗口在还原状态时，将鼠标指针移动到窗口四边或四角上，当其变为上下、左右或斜角双向箭头时，按住鼠标左键并向各个方向拖动，可改变窗口的大小。

4. 切换窗口

当同时打开多个窗口时，只能有一个活动窗口，工作时需要在不同窗口间切换，一般可以在任务栏上进行切换。切换窗口的方法有如下几种。

(1) 利用任务栏标签：窗口在任务栏上是默认分类合并在一起的，可以单击需要切换的窗口在任务栏上的标签，再在弹出的菜单中选择并单击目标窗口即可，如图 2-7 所示。

▲ 图 2-7　利用任务栏标签切换窗口

(2) 利用快捷键：按下 Alt + Tab 组合键时，屏幕中间的位置会出现一个矩形区域，显示所有打开的应用程序和文件夹缩略图，按住 Alt 键不放，反复按 Tab 键，这些缩略图就会轮流出现高亮白色边框以突出显示，如图 2-8 所示。当要切换的窗口缩略图突出显示时，松开 Alt 键，该窗口就会成为活动窗口。

▲ 图 2-8　利用Alt + Tab切换窗口

(3) 利用 Alt + Esc 组合键：Alt + Esc 组合键使用方法与 Alt + Tab 组合键使用方法相

同，唯一的区别是按下 Alt + Esc 组合键不会出现窗口缩略图，而是直接在各个窗口之间进行切换。

5. 智能化的窗口缩放

(1) 把窗口拖到屏幕最上方(或双击窗口的标题栏)，窗口就会自动最大化。

(2) 把已经最大化的窗口往下拖一点，它就会自动还原。

(3) 把窗口拖到左右边缘，窗口会自动变成 50% 的宽度，方便用户排列窗口。

> **注：** 当打开大量文档工作时，如果需要专注在其中一个窗口，只需要在该窗口上按住鼠标左键并且轻微晃动鼠标，其他所有的窗口便会自动最小化，重复该动作，所有窗口又会重新出现。

任务 4　使用控制面板

1. 了解控制面板

控制面板是 Windows 图形用户界面的一部分，主要作用是调整和更改 Windows 的设置。这些设置几乎控制了有关 Windows 外观和工作方式的所有设置，并允许用户对 Windows 进行设置，使其适合用户的需要。

2. 打开控制面板

在任务栏的搜索框中输入"控制面板"，即可打开控制面板。在"查看方式"下拉列表中可以选择以"类别"还是"图标"的形式显示，在以"类别"形式显示下，包含了"系统和安全"等八类选项，如图 2-9 所示。

▲ 图 2-9　控制面板界面

3. 设置系统日期、时间

(1) 调整系统日期和时间。

在控制面板中，单击"时钟和区域"选项，单击"设置时间和日期"链接，打开"日期和时间"对话框，单击"更改日期和时间(D)..."按钮可以更改日期和时间，如图2-10所示。

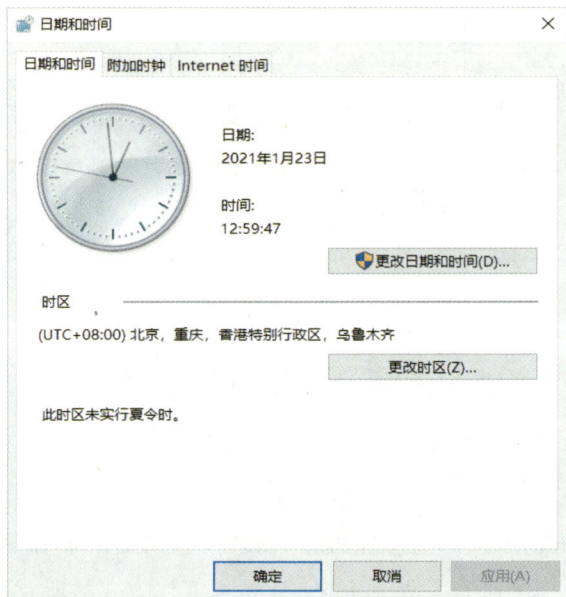

▲ 图 2-10　设置日期和时间

(2) 精确调整系统时间。

在"Internet时间"选项卡中单击"更改设置"按钮，弹出"Internet时间设置"对话框，选择"与Internet时间服务器同步"前的复选框，然后在"服务器"下拉列表中选择"time.windows.com"，单击"立即更新"按钮，稍后即可见到对话框中显示同步成功的文字提示，单击"确定"按钮即可。

4. 卸载应用程序

应用程序安装后会将一些必需的文件复制到硬盘中，并且可能会对系统进行一定的改动。因此，卸载软件并不等于直接删除软件文件，同时也要修正软件对系统的改动，以及清除软件遗留下来的垃圾文件。

(1) 在控制面板主页中，单击"程序"类别中的"卸载程序"选项，在"卸载或更改程序"列表中选择要卸载的程序，然后单击"卸载/更改"按钮，如图2-11所示，打开程序卸载对话框，按对话框指示进行卸载操作。

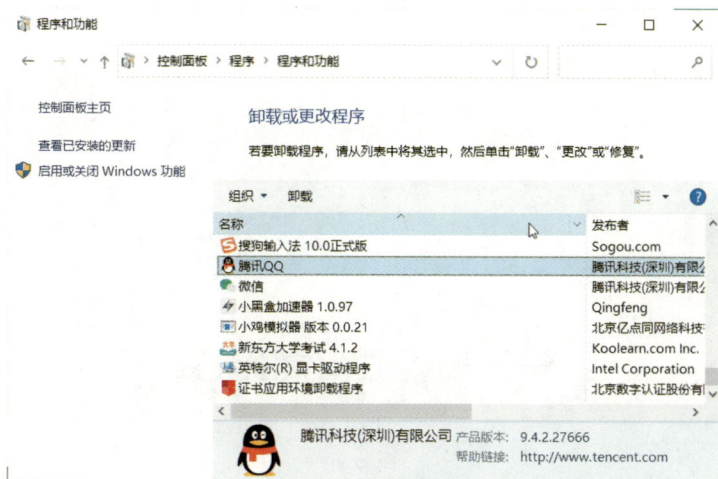

▲ 图 2-11　卸载应用程序

(2) 系统对选定的程序执行卸载处理时，会进行相应的配置，以清除程序在系统中的文件。程序卸载后，在"程序和功能"窗口的列表中就看不到被卸载的程序了。

项目2　使用操作系统——个人工作环境定制

项目分析

【项目描述】

当对电脑的使用熟悉以后，每个人都会希望自己的电脑有一个只符合自己喜好的个性设置，这个设置能够符合自己平时的操作习惯，以提高个人电脑的使用效率，便于更快捷的操作。因此，本项目中，我们来学习如何依据个人的使用习惯定制个性化的工作环境。

【项目目标】

- 掌握创建桌面快捷方式的方法
- 掌握更改与排列桌面图标的方法
- 掌握将常用程序添加到任务栏的方法
- 掌握输入法设置的方法(重点)
- 掌握设置屏幕分辨率的方法(重点)

- 掌握更改桌面主题的方法(重点)
- 掌握用户账户的设置方法(难点)

项目实现

任务1 个性化桌面设置

1. 设置桌面快捷方式

(1) 利用拖曳方式添加桌面快捷方式。

桌面快捷方式是桌面上带有 ![] 标志的图标,通过双击这类图标可以快速访问某个应用程序,从而提高工作效率。在 Windows "开始"菜单中选中想要添加到桌面上的图标,直接拖曳到想要放置的位置即可创建桌面快捷方式。

(2) 利用"新建"→"快捷方式"命令添加桌面快捷方式。

① 在桌面空白区域单击鼠标右键,从弹出的右键菜单中选择"新建"子菜单下的"快捷方式"命令,如图 2-12 所示,即可打开"创建快捷方式"对话框。

▲ 图 2-12　新建快捷方式

② 单击"浏览"按钮,选择要创建快捷方式的程序文件,然后单击"下一步"按钮,输入快捷方式的名称,单击"完成"按钮,即可创建一个快捷方式。

2. 将程序添加到任务栏

(1) 选择一个程序图标,单击鼠标右键,从弹出的右键快捷菜单中选择"固定到任务栏"命令。

(2) 选择要添加到任务栏的程序图标，用鼠标左键直接将其拖动到任务栏中松开鼠标即可。

> 注：若要将任务栏中不常使用的图标解锁，可以在要解锁的图标上单击鼠标右键，在弹出的快捷菜单中选择"从任务栏取消固定"命令。

3. 更改桌面图标

(1) 将系统自带的"此电脑"图标更改为 📇 。

① 在桌面上单击鼠标右键，在弹出的菜单中选择"个性化"命令，单击左侧的"主题"链接，右侧选择"相关的设置"中的"桌面图标设置"链接，如图 2-13 所示，将弹出桌面图标设置窗口。

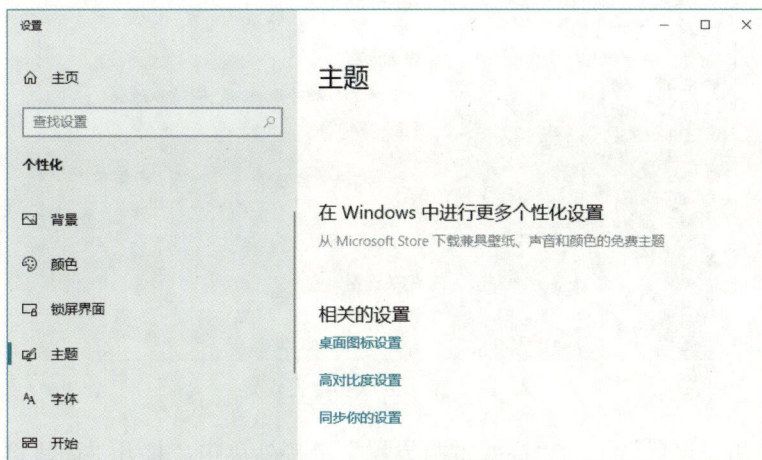

▲ 图 2-13　打开桌面图标设置窗口

② 选择"此电脑"图标，单击"更改图标"按钮，在弹出的窗口中选择要设置的图标 📇 ，单击"确定"按钮，即可将"此电脑"图标进行更改。

(2) 排列桌面图标。

当桌面图标比较混乱时，可以利用排列桌面图标命令，将桌面图标按照我们想要的方式进行快速排列。

① 在桌面空白区域单击鼠标右键，在弹出的快捷菜单中选择"排序方式"命令。

② 在"排序方式"子菜单下列出了"名称""大小""项目类型""修改日期"四种排序方式，如图 2-14 所示，按照需求单击任一选项即可快速排列桌面图标。

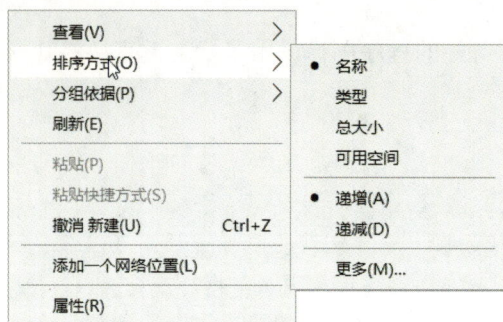

▲ 图 2-14　排列桌面图标

4. 设置输入法快捷键

(1) 在"开始"菜单中单击"设置",打开"Windows 设置"窗口,在"时间和语言"选项中找到"语言"设置窗口。

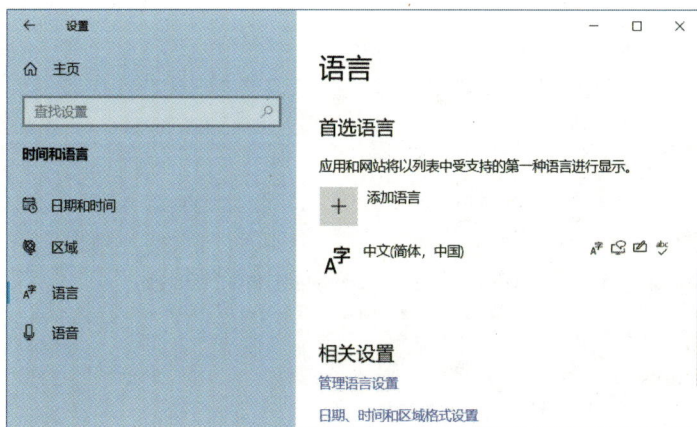

▲ 图 2-15　区域和语言设置

(2) 在"相关设置"下的"高级键盘设置"链接处单击,打开"高级键盘设置"窗口,在其中找到"语言栏选项"单击,将打开"文本服务和输入语言"窗口。

(3) 单击"高级键设置"选项卡,选中要设置快捷方式的输入法,单击"更改按键顺序"按钮,启用按键顺序,在其中即可设置输入法的快捷键,如图 2-16 所示。

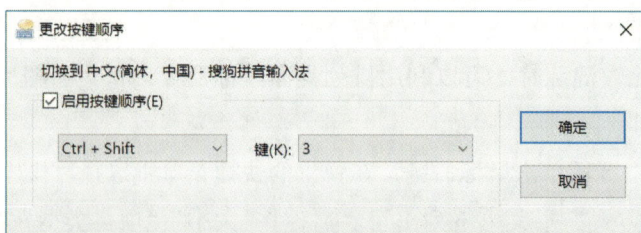

▲ 图 2-16　设置常用输入法的快捷键

5. 设置屏幕分辨率

在桌面空白区域单击鼠标右键，在弹出的快捷菜单中选择"显示设置"命令，将打开如图 2-17 所示的窗口，在弹出的窗口中选择想要设置的分辨率大小即可。

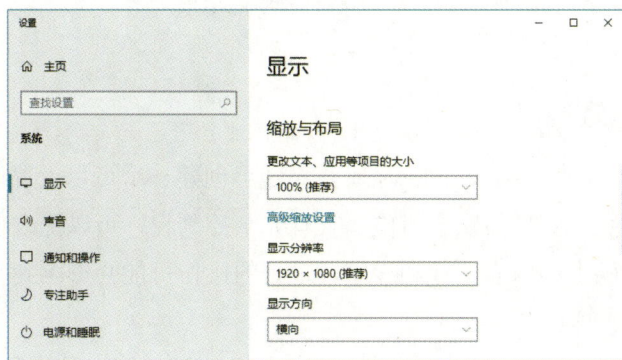

▲ 图 2-17　设置屏幕分辨率

6. 更改桌面主题

在桌面空白区域单击鼠标右键，在弹出的快捷菜单中选择"个性化"命令，将打开如图 2-18 所示的"个性化"窗口，单击窗口左侧的"主题"，即可更改桌面背景、窗口颜色、声音和鼠标光标程序。

▲ 图 2-18　"个性化"窗口

注：　"Windows 设置"窗口中，在"游戏"类别中，还可按 Win＋G 键打开游戏栏，进行录制游戏剪辑、屏幕截图和广播。在"个性化"类别中，可以设置锁屏界面。在"系统"类别中，可以打开平板模式，切换到触摸屏环境。

任务 2 用户账户设置

1. 用户账户简介

(1) 管理员账户：在安装 Windows 时，系统会创建一个可以设置计算机以及安装应用程序的管理员账户。管理员账户对电脑具有完全控制权，可以更改任何设置，还可以访问存储在这台电脑上的所有文件和程序，进行的操作可能会影响到其他用户，一台计算机上至少有一个管理员账户。

(2) 标准账户：标准账户可以使用大多数软件，并可以更改不影响其他用户或这台电脑安全性的系统设置。

2. 用户账户设置

(1) 在控制面板中，单击"用户账户"选项，在窗口右侧单击"用户账户"链接，打开如图 2-19 所示的"用户账户"窗口(由于软件本身缺陷，图中的"帐户"保留原本写法)。

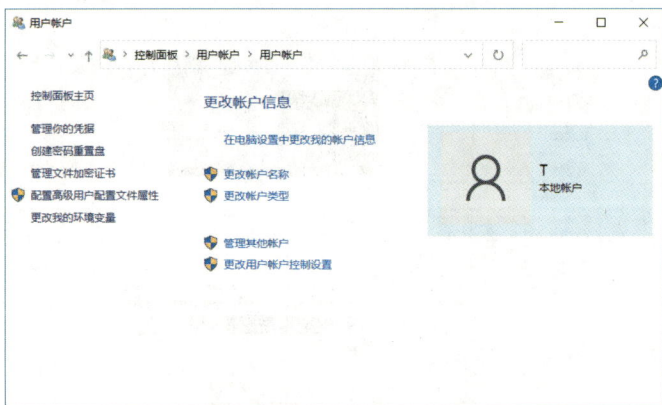

▲ 图 2-19 "用户账户"窗口

(2) 在"用户账户"窗口中，可以更改账户名称、更改账户类型、管理其他账户或者进行账户的控制设置等操作。Windows 10 系统中只要对系统进行更改就会弹出账户控制窗口，很多人都会觉得厌烦，这就需要在"更改用户账户控制设置"中将其改为"从不通知"。

(3) 如想要创建新的用户账户，则需要在"管理其他账户"链接中单击"在电脑设置中添加新用户"进行操作。

(4) 若想更改账户图片，则需要单击"在电脑设置中更改我的账户信息"进行修改。

(5) 账户创建之后，也可以在"管理其他账户"窗口中单击某账户，打开"更改某账户"窗口，然后在其中对账户进行"更改账户名称""创建密码""更改账户类型"等设置。

(6) 若想"删除账户"，则需要在控制面板的用户账户界面单击"删除用户账户"链接即可。

3. 区分切换用户、注销和锁定计算机

(1) 切换用户：当计算机中有多个用户账户，要更换另一个账户登录计算机时，可按 Ctrl + Alt + Delete 组合键，在弹出的界面选择"切换用户"即可。

(2) 注销：注销是指清除当前登录系统的用户，清除后即可重新使用任何一个用户身份登录系统。右击"Windows 图标"键，从"关机或注销"子菜单中选择"注销"命令即可。

(3) 锁定：当用户为账户设置了登录密码后，如果在使用计算机的过程中有事外出，并希望在离开的这段时间内继续运行打开的程序或文件，同时又不希望其他用户进入系统，则可选择"锁定"计算机，方法是按 Ctrl + Alt + Delete 组合键，在弹出的界面选择"锁定"即可。

项目3 学习应用——个人文件规划

项目分析

【项目描述】

文件管理是 Windows 操作系统一项极其重要的功能，使用计算机进行学习工作，会面临越来越多纷繁复杂的计算机文件。通过本项目，将学会如何有序管理文件与文件夹。在了解文件、文件夹及路径概念之后，学会科学合理构建自己的文件夹结构，熟练掌握文件、文件夹的复制、移动、重命名和删除等基本操作，并能进行文件管理。文件管理非常重要，有序的管理文件及文件夹会为将来的学习工作带来事半功倍的效果。

【项目目标】

- 理解文件、文件夹及路径概念
- 熟练掌握文件、文件夹的复制、移动、重命名和删除等基本操作(重点)
- 能科学合理构建自己的文件夹结构(难点)
- 能够进行文件、文件夹的规范管理操作

项目实现

任务1 了解文件、文件夹及路径

1. 了解文件的概念

(1) 文件是计算机中最基本、最小的存储单位,计算机中的数据大多以文件的形式存储在磁盘中,文件的种类很多,可以是文字、图片、声音、视频及应用程序等,不同类型的文件有不同的图标,通过图标可以区分文件类型。用户的程序和数据,操作系统自身的程序和数据,甚至各种输出输入设备都是以文件形式出现的。

(2) 文件是由图标和文件名称两部分组成,而文件名称又由文件名和扩展名组成,中间用“.”隔开,一般情况下,相同类型文件的图标和扩展名是一样的,系统通过扩展名来区分文件类型。如.docx 文件表示由 Word 应用程序生成的文档,.xlsx 文件表示由 Excel 应用程序生成的文档,.pptx 文件表示由 PowerPoint 应用程序生成的文档,这也是本课程将要学习的三类文件。

(3) 若文件扩展名是隐藏不可见的,则需单击“查看”选项卡,将其中的“文件扩展名”前面的复选框选中即可。

(4) 操作系统中共包含以下几种常见类型文件:

① 程序文件。此类文件可以直接在操作系统中运行,其中包括可执行文件(.exe)、系统命令文件(.com)和批处理文件(.bat)。

② 文档文件。此类文件可直接用文字处理软件来编辑,主要包括文档文件(.docx)和普通文本文件(.txt)。

③ 图像文件。此类文件由图像处理程序生成,可通过图像处理软件编辑,主要包括.bmp 文件、.jpg 文件和 .tif 文件等。

④ 多媒体文件。此类文件以数字形式存储视频或音频信息,主要包括 .wav 文

件、.midi 文件和 .avi 文件等。

⑤ 支持文件。此类文件在可执行文件运行时起辅助作用，其本身不能直接运行，包括动态链接文件(.dll)、系统配置文件(.sys)等。

(5) 文件命名规则。

① 文件名最多由 255 个字符组成，不区分英文大小写。使用汉字作文件名时，最多可以包含 127 个汉字。

② 文件名可以包含空格、加号(+)、逗号(,)、分号(;)、左方括号([ )、右方括号( ])和等号(=)，但文件名不能含有 \、/、:、*、?、"、<、>、| 字符。

③ 同一文件夹中的文件名不能重复。

2. 了解文件夹的概念

(1) 文件夹是计算机保存和管理文件的一种方式，一个文件夹对应一块磁盘空间，它没有扩展名，一般显示为 图标。文件夹内既可以包含文件，也可以包含其他文件夹，称为子文件夹，子文件夹内还可以存放再下一级子文件夹或文件，我们把这种结构称为树形目录结构。

(2) 文件夹是 Windows 标准的窗口，打开时即以窗口的形式呈现在屏幕上，文件夹是其他对象(如子文件夹、文件)的容器，它以图符的方式来显示文件夹中的内容，关闭它时，则收缩为一个图标。

3. 路径

路径是指文件在计算机中的存储位置。在磁盘上寻找文件时，所历经的盘符和文件夹线路就是文件的路径。路径分为绝对路径和相对路径。

(1) 绝对路径：绝对路径表示文件在磁盘中存放的绝对位置，即从磁盘根文件夹开始直到该文件所在文件夹路径上的所有文件夹名，每一级用"\"隔开。如"E:\图片\校标.jpg "即表示"校标 .jpg "文件是存放在 E 盘"图片"文件夹中。

(2) 相对路径：相对路径表示文件在文件夹树中相对于当前文件或文件夹的位置。相对路径以"."".."或者文件夹名称开头。其中"."表示当前文件夹，".."表示上级文件夹，文件夹名称表示当前文件夹中的子文件夹名。

4. 资源管理器

(1) 资源管理器是指"此电脑"窗口左侧的导航窗格，将计算机资源分为快速访问、OneDrive、此电脑、网络等类别，便于用户更方便直接地管理计算机资源。

(2) 双击"此电脑"图标，即可打开资源管理器对话框，在导航窗格中单击 图标，即可依次展开各级文件夹，选择某一文件夹后，右侧会显示对应文件夹里的内容，如图 2-20 所示。

▲ 图 2-20　资源管理器

任务 2　规划个人文件夹

1. 规划个人电脑文件夹结构方案

在个人电脑中，只有分门别类地存放文件，才可以让文件一目了然，想用的时候随时就可以找到，因此，要合理地规划个人电脑中的文件夹。本任务我们以构建《我的大学课程》学习文件夹为例，来学习文件夹的基本操作及规划方法。文件夹的基本规划如图 2-21 所示。

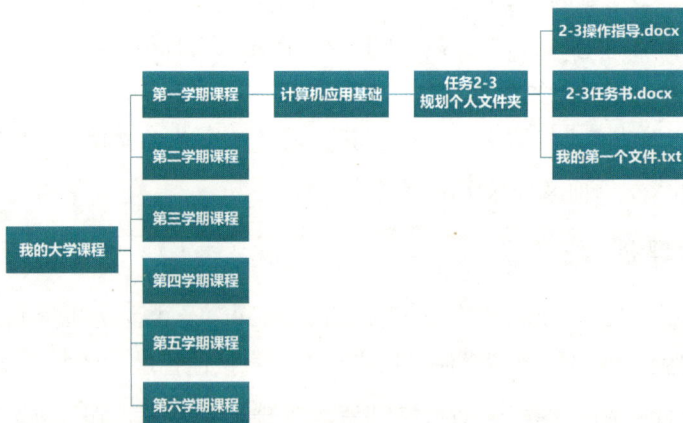

▲ 图 2-21　《我的大学课程》学习文件夹规划

2. 构建"我的大学课程"学习文件夹

(1) 新建和重命名文件夹。在学生开放盘根目录下的空白处单击右键，在弹出的快捷菜单中选择"新建"/"文件夹"命令，如图 2-22 所示，即可创建一个默认名为"新建文件夹"的文件夹。选中文件夹后单击鼠标右键，在弹出的文件夹快捷菜单中选择"重命名"选项，文件夹名反白显示，在其中直接输入新的文件夹名"我的大学课程"。

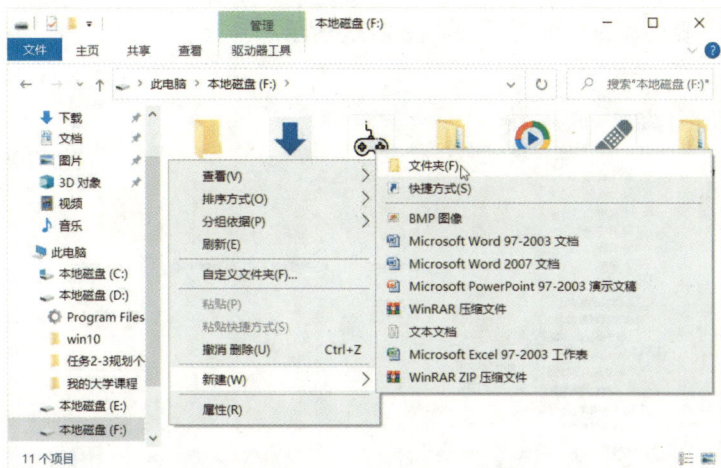

▲ 图 2-22　新建文件夹

> 注：　"重命名"的快捷键为 F2，即选中一个文件或文件夹后，直接按 F2 快捷键，也可以对文件或文件夹进行"重命名"操作。或者选中一个文件夹后，再次单击文件夹也可进行"重命名"操作。

(2) 选择文件。对文件或文件夹进行复制或移动操作前，需要先执行选择操作，在计算机中选择文件或文件夹的方法有以下 5 种。

① 选择单个文件或文件夹。使用鼠标直接单击文件或文件夹图标，即可选择单个文件或文件夹，被选中的文件或文件夹会以蓝色突出显示。

② 选择多个相邻的文件或文件夹。从窗口的空白区域开始按住鼠标左键拖动鼠标，框选所有要选择的文件或文件夹，再释放鼠标即可。

③ 选择多个连续的文件或文件夹。首先单击选择第一个文件或文件夹，然后按住 Shift 键，再单击最后一个要选择的文件或文件夹即可。

④ 选择多个不连续的文件或文件夹。首先单击选择第一个文件或文件夹，然后按住 Ctrl 键，再依次单击选择其余要选择的文件或文件夹即可。

⑤ 选择所有文件或文件夹。框选全部文件或按 Ctrl + A 快捷键，可快速选择当前窗

口中的全部文件或文件夹。

(3) 复制文件夹。打开"我的大学课程"文件夹，在此文件夹窗口中再新建文件夹，命名为"第一学期课程"，选中"第一学期课程"文件夹时，按Ctrl + C组合键复制后，再按 Ctrl + V 组合键在当前位置粘贴，即可复制一个新文件夹，默认名为"第一学期课程-副本"，更改文件夹名为"第二学期课程"，选中"第二学期课程"文件夹，同时按住 Ctrl 键并拖动文件夹，也可复制文件夹。一共复制六个学期的文件夹来分学期存放我们学习的课程，新建好的六个文件夹如图 2-23 所示。

▲ 图 2-23　各学期文件夹

(4) 打开"第一学期课程"文件夹，在此文件夹窗口新建"计算机应用基础"课程文件夹，用来存放本学期该课程的所有文件。

(5) 复制文件到指定文件夹。在"计算机应用基础"文件夹中先创建当天的学习文件夹，命名为"任务 2-3 规划个人文件夹"，将本次课上传的文件如"2-3 任务书""2-3 操作指导"等复制到此文件夹中。

(6) 新建文件。打开"任务 2-3 规划个人文件夹"，在空白处单击右键，选择"新建文本文档"，并重命名为"我的第一个文件"，如图 2-24 所示。

▲ 图 2-24　规划好的个人文件夹

(7) 删除文件或文件夹。若要删除不用的文件或文件夹，选中文件或文件夹后，按 Delete 键或在右键菜单中选择"删除"命令。

> 注：若要永久删除不用的文件或文件夹，选中文件或文件夹后，按 Shift + Delete 组合键，删除的文件或文件夹将不能被找回。

(8) 还原文件或文件夹。删除文件或文件夹后如果再想找回时，可打开桌面上的"回收站"窗口，在此窗口中找到删除的文件或文件夹后，在右键菜单中选择"还原"。

(9) 移动文件。找到文件夹中的"我的第一个文件"，选中图标拖动到桌面后释放，可以在不同文件夹间完成复制。

任务 3　管理文件和文件夹

使用 Windows 对文件或文件夹进行管理的内容包括多个方面，除了普通的文件或文件夹操作外，还包括设置重要文件的只读属性、将机密或私人文件隐藏起来、让文件在局域网中与他人共享、查找符合条件的文件等内容。

1. 查看文件或文件夹的属性

选择要查看的文件或文件夹，单击鼠标右键，在弹出的快捷菜单中选择"属性"，在属性对话框中单击"常规"选项卡，即可显示当前文件的类型、位置、大小、占用空间、修改和创建时间及存放方式等信息，如图 2-25 所示。

2. 隐藏文件或文件夹

选择不希望其他人随意更改或浏览的文件或文件夹，单击鼠标右键，打开"属性"对话框，在"属性"选项区可选择"只读"和"隐藏"复选框。

① 只读：只读意味着文件不能被更改或意外删除。对于文件夹，如果选中此

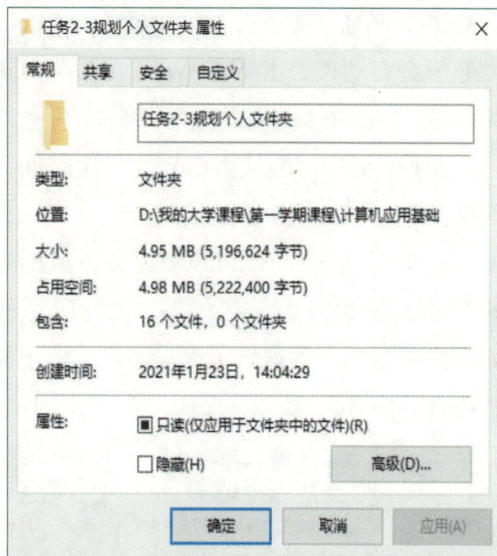

▲ 图 2-25　查看文件或文件夹属性

复选框，则文件夹中的所有文件都将会是只读。

② 隐藏：隐藏后如果不知道名称则无法查看或使用此文件或文件夹，如果选定多个文件，则选中标记表示所选文件都是隐藏文件。复选框为灰色表示有些文件是隐藏文件，有些文件不是隐藏文件。

3. 显示隐藏文件和文件夹

默认情况下，隐藏文件和文件夹是不显示的，要显示隐藏的文件和文件夹，则需在"查看"选项卡中将"隐藏的项目"前选中的复选框取消即可，如图 2-26 所示。

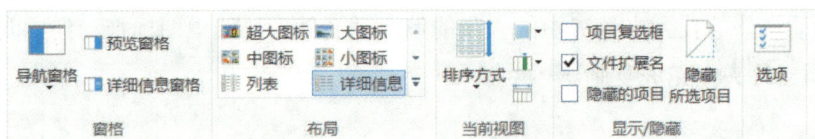

▲ 图 2-26　显示隐藏文件和文件夹

4. 查找文件或文件夹

(1) 使用任务栏的搜索按钮查找所有 Word 文档。

当需要对某一类或某一组文件或文件夹进行搜索时，可以使用通配符来表示文件名中不同的字符。Windows 10 使用"？"和"*"两种通配符，"？"表示任意一个字符，而"*"表示任意多个字符。如在搜索框中输入"*.docx"，则系统会自动搜索出所有 Word 文档，如图 2-27 所示。

(2) 使用窗口的搜索框查找指定时间内的所有文档。

打开任何一个Windows 窗口，鼠标单击搜索栏输入搜索内容，在如图 2-28 所示的"搜索"选项卡中设置搜索条件，即可搜索出符合查找条件的内容。

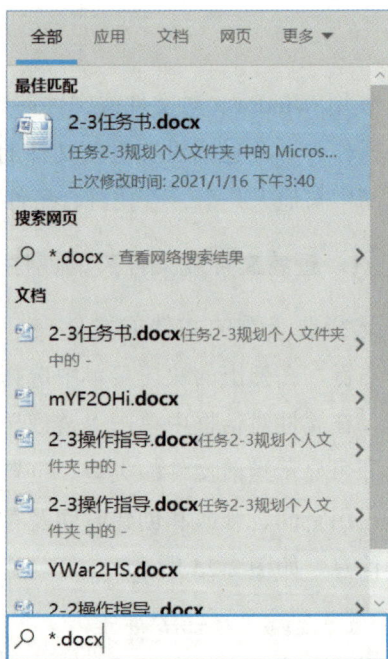

▲ 图 2-27　利用任务栏中的搜索按钮搜索

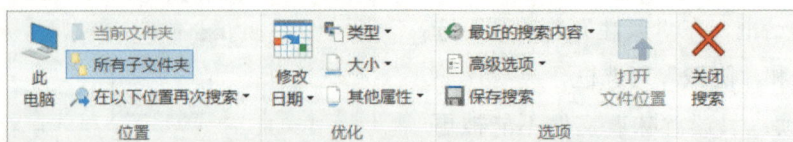

▲ 图 2-28　利用窗口搜索框搜索

本 模 块 小 结

本模块通过三个典型项目完整地介绍了 Windows 10 操作系统的使用，窗口、文件和文件夹的基本操作，同时对 Windows 10 操作系统中的操作技巧也进行了提示讲解，这些内容是以后进一步学习计算机应用的基础，需要熟练掌握并能灵活应用。

课 后 习 题

一、单选题

1. Windows 10 是一种(　　)。

A. 数据库软件　　　　　　　B. 应用软件

C. 系统软件　　　　　　　　D. 中文字处理软件

2. 在 Windows 10 中可以完成窗口切换的方法是(　　)。

A. Alt + Tab　　　　　　　　B. Win + Tab

C. Win + P　　　　　　　　 D. Win + D

3. 直接永久删除文件而不是先将其移至回收站的快捷键是(　　)。

A. Esc + Delete　　　　　　　B. Alt + Delete

C. Ctrl + Delete　　　　　　　D. Shift + Delete

4. Windows 10 中，文件的类型可以根据(　　)来识别。

A. 文件的大小　　　　　　　B. 文件的用途

C. 文件的扩展名　　　　　　D. 文件的存放位置

5. 要选定多个不连续的文件或文件夹，要先按住(　　)键，再选定文件。

A. Alt　　　　　　　　　　　B. Ctrl

C. Shift　　　　　　　　　　 D. Tab

6. 在 Windows 10 中，要把选定的文件剪切到剪贴板中，可以按(　　)组合键。

A. Ctrl + X　　　　　　　　　B. Ctrl + Z

C. Ctrl + V　　　　　　　　　D. Ctrl + C

7. 在 Windows 10 中，下列文件名正确的是(　　)。

A. My file1.txt   B. file1/

C. A < B.C   D. A > B.DOC

8. 下面属于 Windows 10 账户的是(　　)。

A. 特权账户   B. 访客账户

C. 游戏账户   D. 管理员账户

9. 在 Windows 10 中，按(　　)键可在各中文输入法和英文间切换。

A. Ctrl + Shift   B. Ctrl + Alt

C. Ctrl + 空格   D. Ctrl + Tab

10. 为了适应习惯使用左手用户的需要，可以利用(　　)中的应用程序进行设置。

A. 回收站   B. 控制面板

C. 剪贴板   D. 网上邻居

二、填空题

11. 在 Windows 10 操作系统中，显示桌面的快捷键是_____。

12. 同时选择某一位置下全部文件或文件夹的快捷键是_____。

13. 在 Windows 10 操作系统中，Ctrl + C 是_____命令的快捷键。

14. 选用中文输入法后，可以实现全角半角切换的组合键是_____。

15. 用 Windows 10 的"记事本"程序所创建的文件的扩展名是_____。

三、操作题

16. 按如下要求在计算机上对文件和文件夹进行操作。

① 在 D 盘新建"学习""作业""练习"三个文件夹。

② 将"作业"和"练习"文件夹移动到"学习"文件夹中。

③ 在"作业"文件夹中新建"作业记录.txt"文件。

④ 在"练习"文件夹中新建"学期学习计划.docx"文件。

⑤ 将"学期学习计划.docx"文档设置为隐藏属性。

⑥ 将"作业"文件夹删除。

⑦ 将"学习"文件夹在桌面建立一个快捷方式。

17. 将控制面板添加到任务栏。

18. 将桌面主题设置为鲜花。

模块三

Word 2016文字处理软件

Microsoft Office 是全球应用最为广泛的办公软件套装，Word 作为 Office 办公软件的核心组件之一，是一款具有强大功能的文字处理软件，使用它不仅可以进行简单的文字处理，还能进行长文档的排版以及制作出图文并茂的精美文档。

本模块学习目标

➢ 公文排版 —— 编辑会议通知

➢ 正规文件制作 —— 排版劳务合同

➢ 表格设计 —— 制作个人简历

➢ 海报设计 —— 设计舞蹈社团宣传海报

➢ 批量处理 —— 制作中秋晚会邀请函

➢ 长文档排版 —— 编排毕业论文

➢ 图文混排 —— 制作端午节介绍文档

项目1 公文排版——编辑会议通知

项目分析

【项目描述】

通知，是运用广泛的知照性公文，是向特定对象告知或转达有关事项或文件，让对象知道或执行的公文。通知的特点是内容要具有真实性和告知性。本项目从录入会议通知内容开始，学习 Word 文档的录入、整理、排版等内容，提高学习者的计算机操控能力及办公能力。项目实现后的效果如图 3-1 "会议通知"样文所示。

会议通知

房地产公司各部门：

　　兹定于 2018 年 7 月 31 日下午 1 点 30 分，在房地产项目部第二会议室召开年中项目沟通及推进会，届时请各二级部（含二级部）以上单位的部门经理及项目部全体成员准时参会。

会议主题：2018 年年中项目沟通及推进会

会议主持：霍总

会场布置：房地产项目部

会议记录：张主任（综合部）

会议要求：

各一级部经理对各部门的工作及沟通问题做概要汇报。

各一级部经理对各部门的项目推进工作做说明。

特殊情况不能参会须向总裁办请假。

会议期间请将手机静音。

会议召集单位：房地产事业部

2018 年 7 月 24 日

▲ 图 3-1 "会议通知"样文

【项目目标】

- 熟悉 Word 工作界面
- 掌握 Word 文档的创建、打开、编辑、保存和关闭的方法(重点)

- 掌握对文档内容进行字体和段落格式设置的方法(重点)
- 掌握用格式刷快捷设置格式的方法(难点)

项目实现

任务1　启动/退出/新建/保存 Word 文档

1. 启动 Word 2016 并新建空白文档

(1) 单击"开始"按钮，依次选择"所有应用"/"Word 2016"，启动 Word 2016。Word 2016 启动完成后，弹出画面如图 3-2 所示。

(2) 单击如图 3-2 所示的"空白文档"模板，自动创建一个名为"文档 1"的空白文档。

(3) 如图 3-2 左边线框内容所示，可以在搜索框内键入关键字在 Office.COM 上查找联机模板。

(4) 也可如图 3-2 中右上角文字所示，登录一个已有的个人账号，即可获取联机存储的文件。

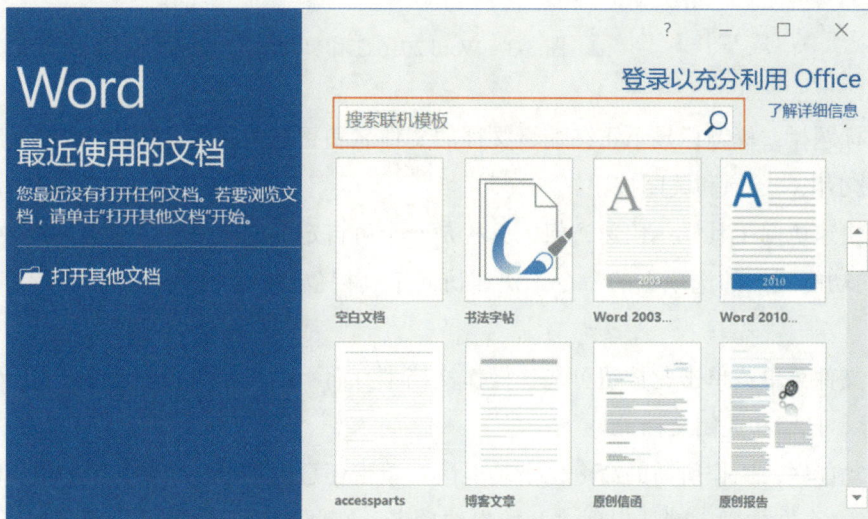

▲ 图 3-2　Word 启动界面

注：也可以利用各种不同模板创建不同类型的文档，如书法字帖、简历等。按 Enter 键或者 Esc 键可以直接创建一个空白文档。

2. 认识 Word 2016 工作界面

Windows 2016 工作界面如图 3-3 所示。

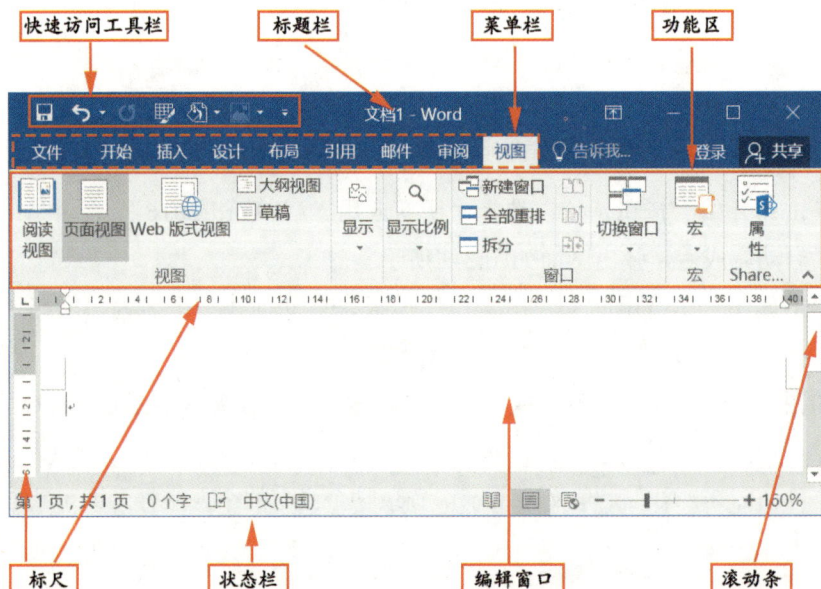

▲ 图 3-3　Word 2016 工作界面

(1) 标题栏：标题栏显示正在编辑文档的文件名和正在使用的软件的名称。它还包括标准的最小化、还原和关闭按钮。

(2) 快速访问工具栏：快速访问工具栏是一个可自定义的工具栏，包含一组独立于当前显示的功能区上的选项卡的命令。快速访问工具栏包括经常使用的撤销、保存、复位等命令。

(3) 文件菜单：单击此按钮可选择操作文档本身而不是文档内容的命令，如新建、打开、保存、打印和关闭文档等。

(4) 功能区：工作所需的命令位于功能区。单击任意选项卡，以显示其按钮和命令。打开任意一个文件时，默认出现"开始"选项卡。有些选项卡只在需要时显现，如选中 Word 里的表格时，就会出现"表格工具"选项卡。

(5) 编辑窗口：编辑窗口显示正在编辑的文档的内容。

(6) 滚动条：滚动条允许更改正在编辑的文档的显示位置。

(7) 状态栏：状态栏显示正在编辑的文档的信息。

3. 命名并保存文档

(1) 单击"文件"选项卡，选择"保存"选项，如图 3-4 所示。

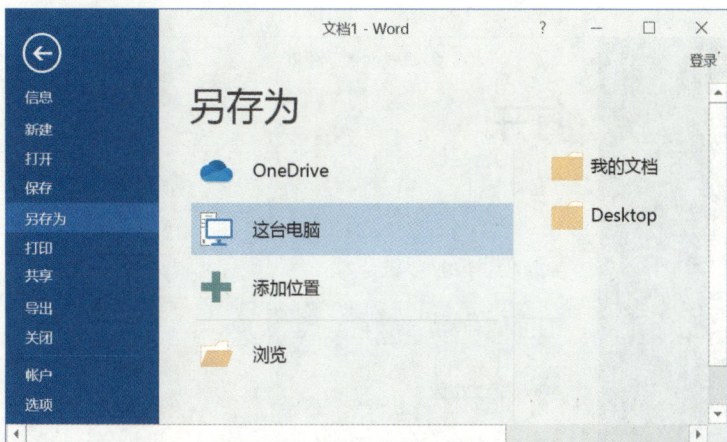

▲ 图 3-4　保存文件

　　(2) 在打开的"另存为"对话框中单击"浏览"选择保存位置，打开如图 3-5 所示的对话框，命名为"会议通知"后保存文档。

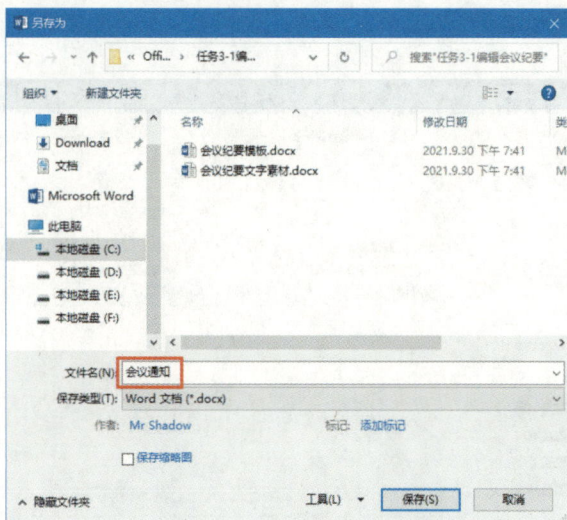

▲ 图 3-5　"另存为"对话框

(3) 单击软件右上角的关闭按钮 ✕，关闭并退出软件。

任务 2　录入、修改、编辑文档内容

(1) 启动 Word 2016，单击"文件"菜单，选择"打开"选项，如图 3-6 所示。

▲ 图 3-6　打开文档

(2) 单击"浏览"图标，选择文件位置，如图 3-7 所示，打开上一个任务存储的文件名为"会议通知"的 Word 文档。

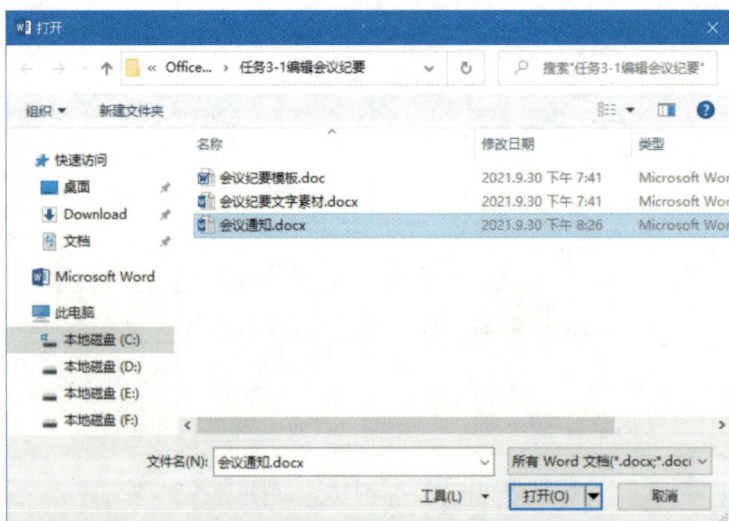

▲ 图 3-7　选择打开的"会议通知"文件

> **注**：也可在不启动 Word 2016 的前提下，找到文件位置，用鼠标左键双击"会议通知"文档图标打开该文档。

(3) 使用键盘上的 Insert 键，更改输入状态为"插入"，按样文所示，录入"会议通知"中的相关内容。

(4) 单击快捷工具栏上的保存按钮，或按 Ctrl+S 命令存储文档。

任务3　文档整理及排版

会议通知

1. 字体格式设置

(1) 将光标置于文档标题行前端，单击鼠标左键并拖曳到行尾，选中该行(段)文字。

(2) 单击"开始"菜单，单击"字体"选项卡，如图 3-8 所示。

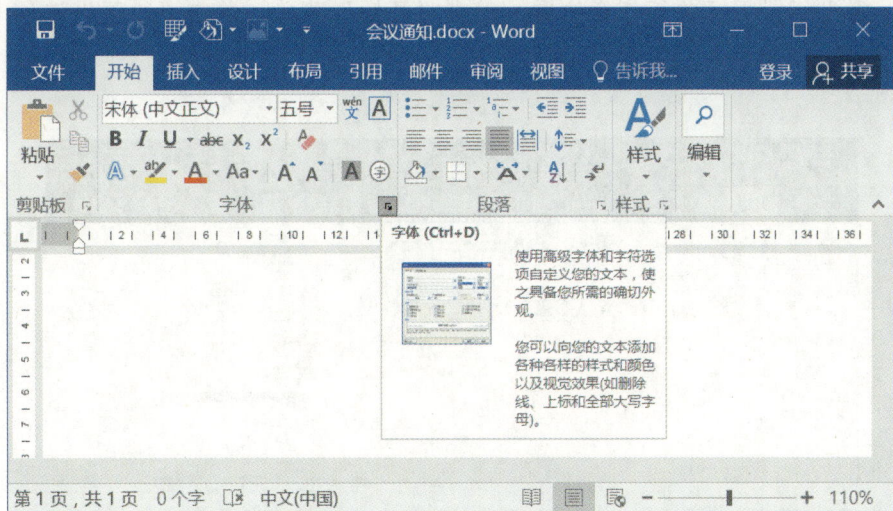

▲ 图 3-8 "字体"选项卡

(3) 打开"文字"设置对话框，设置字体为"黑体，加粗，小二号"，确定后退出字体设置对话框。

(4) 再次选择标题内容"会议通知"，如图 3-9 方框区域所示，为标题设置特殊文本效果。

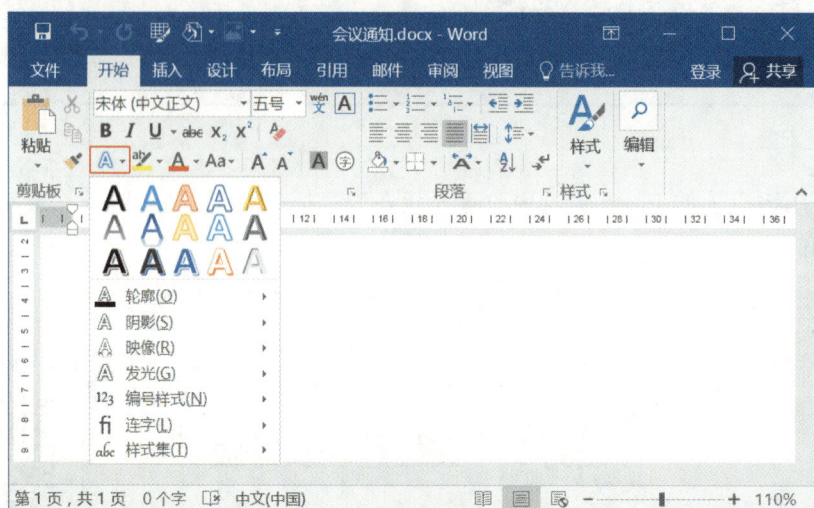

▲ 图 3-9　设置标题文本效果

(5) 将光标置于正文第一行行首，拖曳鼠标左键选择所有的正文内容。

(6) 将正文字体设置为"宋体，四号"。

2. 段落格式设置

(1) 将光标置于标题行任意位置，单击"开始"菜单，单击"段落"选项卡，如图 3-10 所示。

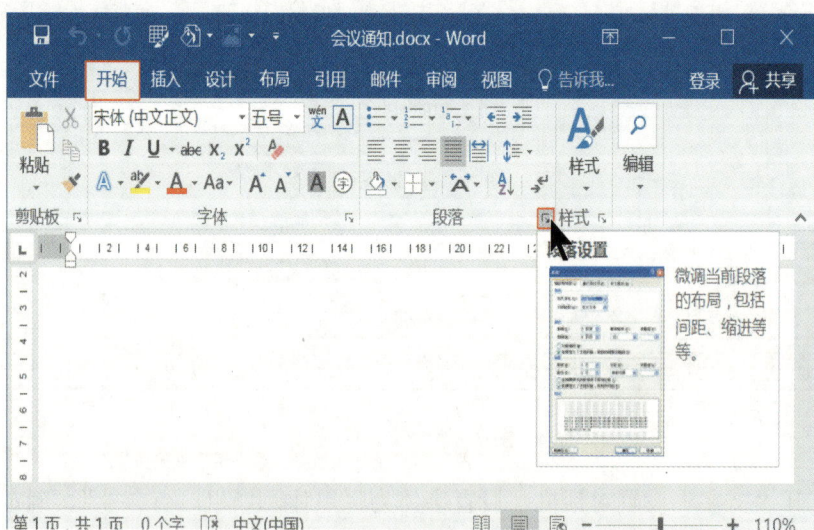

▲ 图 3-10　"段落"选项卡

(2) 打开"段落"设置对话框，并将标题段落格式设置为如图 3-11 所示，对齐方式"居中"，行距 1.5 倍，大纲级别为"1"，其他项参数设置均为"0"。

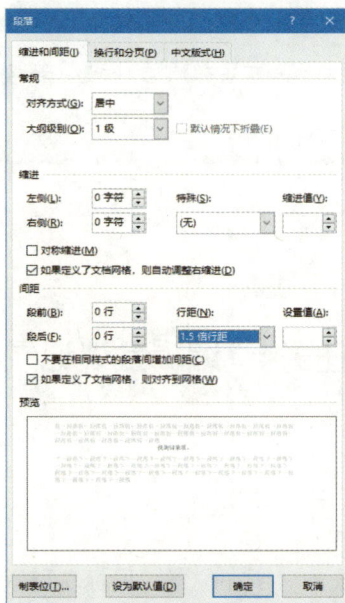

▲ 图 3-11　"段落"选项卡设置

(3) 将正文设置为"两端对齐"，缩进方式"左侧"与"右侧"均为"0"，特殊格式"首行缩进"为"2 字符"，间距"段前""段后"均为"0"，行距 1.5 倍，其他项默认。详细格式设置如图 3-12 所示。

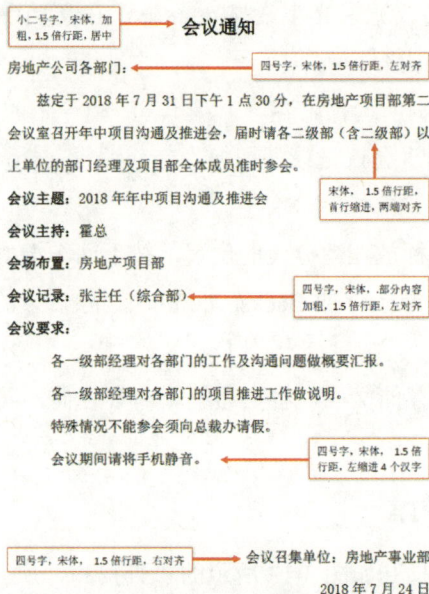

▲ 图 3-12　详细格式设置

> 注：同样的格式可以用格式刷进行设置。即将光标放置在已经设置好文字样式的位置，单击格式刷，用鼠标拖动调整目标文字，即可将目标文字设置成与光标所在位置相同的样式。若双击格式刷工具，则可以连续刷多次。

任务4 编辑会议记录

编辑会议记录

1. 打开文档

(1) 找到"会议记录模板.docx"所在位置，鼠标左键双击文档图标，打开该文档。

(2) 使用键盘上的 Insert 键，更改输入状态为"插入"，按样文所示效果，录入会议主题、时间、会议地点、参会人员、会议主持及会议纪要等相关内容。

(3) 单击"文件"选项卡，选择"另存为"选项，将文件存储为"会议记录"。

2. 编辑文档内容

(1) 打开素材文件"会议记录文字素材.docx"，在文档中任意位置单击鼠标左键，按 Ctrl + A 命令，全选文档内容。

(2) 按 Ctrl + C 命令复制所选择内容。

(3) 在任务栏上将文档"会议记录"切换为当前编辑文档，并按 Ctrl + V 命令，将所复制的内容粘贴至文末。

(4) 按样文效果，将光标放在欲分段的位置，按下回车键 Enter 分段。

(5) 用键盘上的删除键 Delete 或 Backspace 键，删除多余的空格及空行，对文档进行全局整理并存储。

(6) 按 Ctrl + S 命令，存储文档，将上述编辑内容存储，防止误操作或意外断电丢失文档内容。

3. 查找、替换文档内容

(1) 按 Ctrl + H 命令，打开如图 3-13 所示的"查找和替换"对话框。

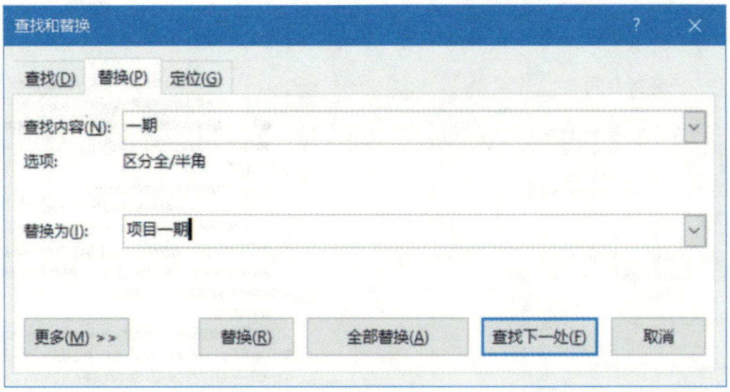

▲ 图 3-13　"查找和替换"对话框

(2) 在对话框中输入如图 3-13 所示的内容，将文中文字"一期"全部替换成"项目一期"，"二期"全部替换成"项目二期"。

4. 文档格式排版

全文正文格式设置为宋体，小四号，1.5 倍行距，部分文字加粗处理(见样文效果)，除"发言人"外其他段落均首行缩进 2 字符。

项目2　正规文件制作——排版劳务合同

项目分析

【项目描述】

劳务合同是指以劳动形式给社会提供服务的民事合同，是当事人各方在平等协商的情况下，就某一项劳务以及劳务成果所达成的协议。一般在独立经济实体的单位之间、公民之间以及它们相互之间产生。

劳务合同作为正规文件，往往最终将以纸面形式打印出来，所以其纸张使用、文字内容编排以及页面格式排版形式要求都比较严谨，可作为日常生活中各类合同样式排版的范本。因此，掌握其排版方法，不仅可以提高学习者的计算机操控能力及办公能力，对其今后的工作和生活也有极大的帮助。本项目实现效果如图 3-14"劳务合同"样文所示。

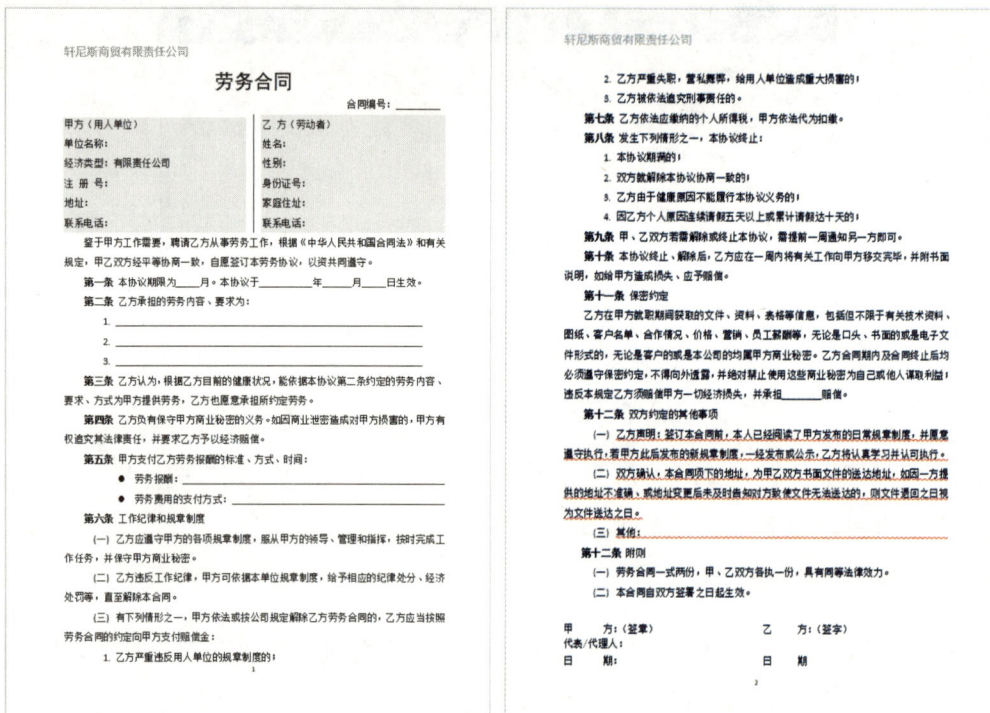

▲ 图 3-14   "劳务合同"样文

【项目目标】

- 能够进行页面设置
- 掌握项目符号、项目编号的设置方法(重点)
- 掌握分栏、下划线、段落底纹的设置方法(重点)
- 掌握页眉和页脚的设置方法(难点)
- 学会标尺的使用方法

项目实现

任务 1   文档基本处理

1. 打开一个 Word 2016 文档

双击文件所在盘符，找到名为"劳务合同素材.docx"文档图标，双击打开该文档。

2. 页面设置

单击"布局"菜单，找到"页面设置"选项，如图3-15所示。在"纸张"选项卡中，选择纸张大小为"A4"；在"页边距"选项卡中，设置页边距为"上=2.5，下=2，左=2.5，右=2"；单击"版式"选项卡，设置"页眉""页脚"分别为"1"，其他项默认。点击"确定"，完成页面设置。

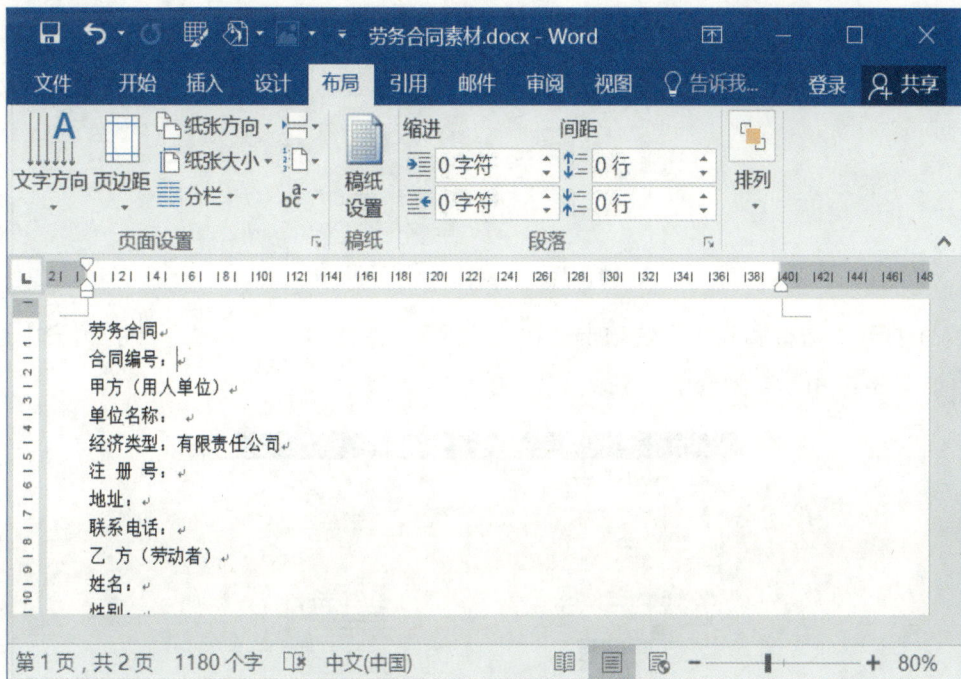

▲ 图 3-15　"页面设置"选项

3. 文字、段落等基本格式排版

(1) 选中标题文字"劳务合同"，设置其字体为"黑体，小一"，段落格式"居中"。

(2) 选择文档中的第二行文字"合同编号"，设置其段落对齐方式为"右对齐"，并选择使用 TAB 键，单击三次为其后添加下划线，线型默认。

(3) 选中余下的正文内容，设置正文字体为"宋体，小四"，对齐方式选择"左对齐"，特殊格式为"首行缩进"，行距为"1.5 倍行距"。

4. 设置段落底纹

(1) 选中"甲方(用人单位)"到乙方"联系电话："所有内容。

(2) 在段落选项卡中选择"边框"设置项中的"边框和底纹"选项，如图 3-16 所示。

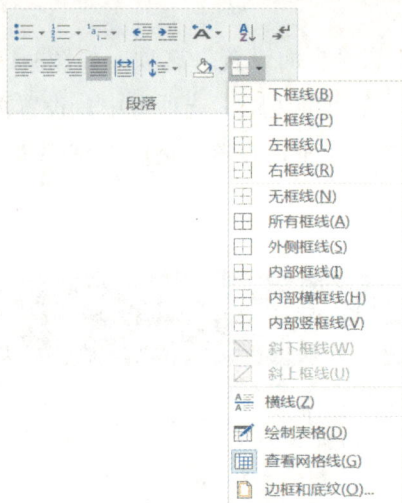

下框线(B)
上框线(P)
左框线(L)
右框线(R)
无框线(N)
所有框线(A)
外侧框线(S)
内部框线(I)
内部横框线(H)
内部竖框线(V)
斜下框线(W)
斜上框线(U)
横线(Z)
绘制表格(D)
查看网格线(G)
边框和底纹(O)...

段落

▲ 图 3-16　"边框和底纹"选项

(3) 打开"边框和底纹"选项卡，在"底纹"选项卡中的"样式"下拉列表中选择 5%，如图 3-17 所示，为选中文字设置段落底纹。

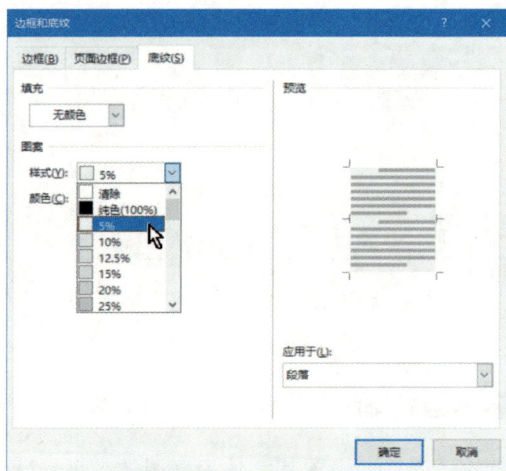

▲ 图 3-17　段落底纹设置

任务 2　分 栏 设 置

1. 认识分栏

分栏是一种较为灵活的版面分割形式，在文档版面排版中可以将文档以多栏形式呈现出来，而各栏的宽度、间距等均可自由调整。

2．文档分栏设置

(1) 选中"甲方(用人单位)"到乙方"联系电话："所有内容。

(2) 单击"页面设置"菜单，在"页面设置"选项中单击"分栏"项下的三角按钮，如图 3-18 所示。

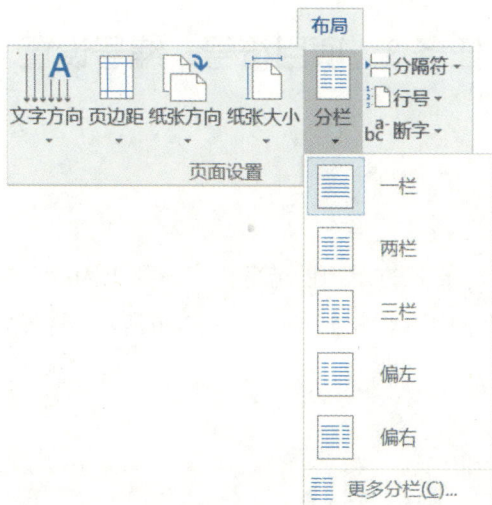

▲ 图 3-18　选择分栏选项

(3) 单击"更多分栏"项，打开分栏对话框。

(4) "预设"项选择"两栏"(或"栏数(N)："项输入2)，即可将所选文字内容分为两栏。

(5) 勾选"分隔线"项，为两栏间添加栏间分隔线，其他项选择默认，然后单击"确定"按钮退出分栏设置。参数设置如图 3-19 所示。

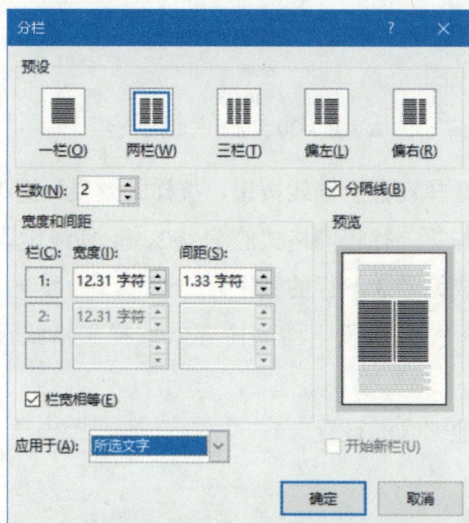

▲ 图 3-19　分栏设置

> **注**：由于之前设置了所有正文的段落格式为"首行缩进"，所以需要将分栏内容的段落格式重新设置为首行缩进为"0"。

任务3 项目符号、编号设置

1.编号设置

(1) 单击正文中"第二条 乙方承担的劳务内容、要求为："下一行内容。

(2)选择"段落"选项卡中的"编号"项，如图3-20所示，选择如样文所示的数字编号。

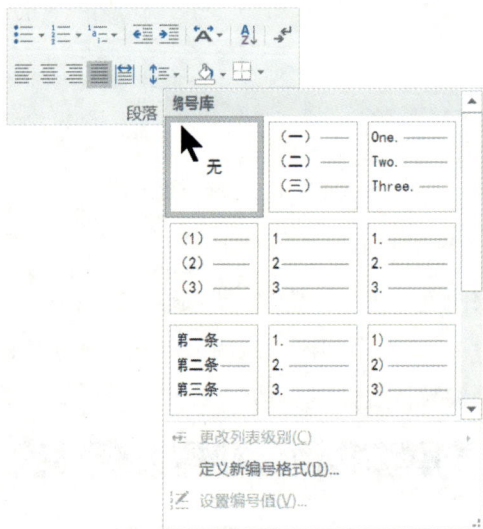

▲ 图3-20 选择"编号"项

(3) 删除该行文字，选择设置下划线按钮，按样文效果设置下划线。

(4) 回车，自动生成与第一行相同格式的编号2，下划线设置如上一步操作。

(5) 回车，按样文完成编号3一行的制作。

(6) 选择"第六条……"一段下面的内容，按样文格式设置编号样式为"(一)、(二)……"。

(7) 参照样文完成其他编号的设置。

2. 项目符号设置

(1) 选择"第五条……"下方的"劳务报酬："及"劳务费用的支付方式："两行

内容。

(2) 在"段落"选项卡中选择"项目符号"项，如图 3-21 所示，选择如样文效果所示的样式，为所选内容添加项目符号，并添加如样文所示的下划线。

▲ 图 3-21 选择"项目符号"选项

3. 标尺使用

(1) 单击"视图"菜单，在"显示"选项卡中勾选"标尺"项，打开标尺显示，如图 3-22 所示。

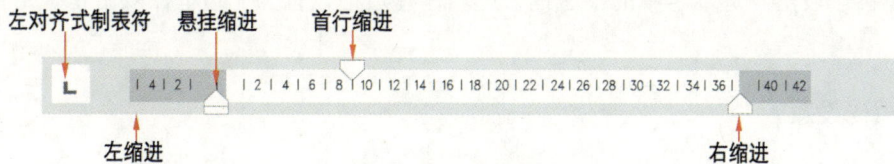

▲ 图 3-22 标尺

(2) 利用标尺调节编号排版位置。

4. 文档排版整理

参照"劳务合同样文.PDF"格式，整理文档并存储。

排版劳务合同

任务 4 设置页眉和页脚

1. 页眉设置

(1) 双击页面左上角，进入插入页眉状态。

注：也可单击"插入"菜单，在"页眉和页脚"选项卡中单击"页眉"选项，如图 3-23 所示。

▲ 图 3-23　页眉选项

(2) 在输入点输入公司名称"轩尼斯商贸有限责任公司"，设置为"黑体，四号，深灰色"，段落对齐方式为左对齐。

(3) 选择页眉文字后的"回车符"，为页眉添加如图 3-24 所示的下划线。

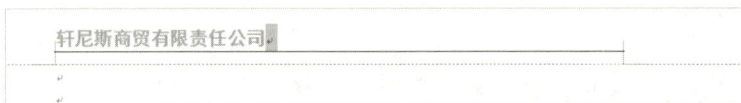

轩尼斯商贸有限责任公司

▲ 图 3-24　边框线设置

(4) 单击"段落"选项卡中的"边框"选项，将边框设置为无边框，双击正文退出页眉编辑。

2. 页码设置

(1) 双击页面右下角(或单击"插入"菜单下的"页眉和页脚"选项卡，选择"页码"选项)，进入插入页码状态。

(2) 再次单击"插入"菜单下的"页眉和页脚"选项卡，进入"页码"选项，在弹出的子菜单中选择"页面底端"项，在页面底端插入页码。

(3) 单击"页眉和页脚"选项卡，选择"页码"选项，如图 3-25 所示，在弹出的子菜单中选择"设置页码格式(F)"项。

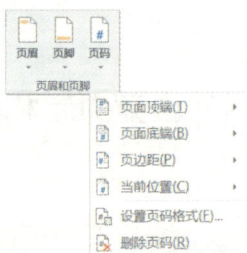

▲ 图 3-25　设置页码格式

(4) 在打开的页码格式对话框中设置如图 3-26 所示的参数。

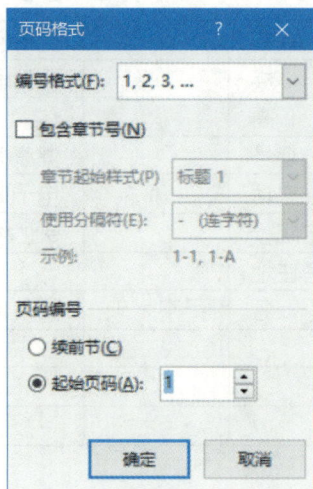

▲ 图 3-26　页码格式参数设置

(5) 利用段落格式将页码做居中处理。

3. 文档整理及存储

按样文所示效果整理整个文档，检查文档内容是否语句流畅，内容及格式是否正确，无误后存盘退出。

项目3　表格高端应用——制作个人简历

项目分析

【项目描述】

简历就是对个人学历、经历、特长、爱好及其他有关情况所作的简明扼要的书面介绍，是有针对性的自我介绍的一种规范化、逻辑化的书面表达。对于一名大学生来说，一份好的个人简历特别是求职简历，对于顺利开启职业生涯是非常重要的。

标准的求职简历主要由基本情况、教育背景、工作经历、其他补充内容等四个基本部分组成。利用 Word 的表格功能制作个人简历，并对其进行美化是简历制作的最基本方法。本项目的效果如图 3-27 简历样文所示。

个 人 简 历 表

基本信息	姓　　名		出生年月	
	民　　族		政治面貌	
	身　　高		体　　重	
	身份证号		健康状况	
	联系电话		电子邮件	
	所在院校		专业/学制	
	家庭住址			
家庭信息	姓　　名	与本人关	联系电话	
学习经历				

▲ 图 3-27　简历样文

【项目目标】

- 掌握表格的创建与调整方法(重点)
- 掌握表格文字和数据的处理技巧(重点)
- 能够进行表格美化(难点)
- 能够设计符合要求的个人简历表格(难点)

项目实现

简历作为一种较为正式的文档，通常会选择标准的 A4 纸张，页边距依据装订方式(左装订或上装订)而设置，对于上装订通常选择默认的页边距设置。

任务1　表格的创建

1. 新建一个Word 2016 文档

打开 Word 2016，创建一个空白文档，页面设置为 A4 纸，页边距默认。

2. 创建表格

(1) 在文档第一行输入文字内容："个人简历表"，回车换行。

(2) 观察"个人简历表"样文效果，如图 3-28 所示，确定表格行数及列数(表中所含的最多行与最多列)。

(3) 选择"插入"菜单，在"表格"选项卡中选择"插入表格"项，在弹出的"插入表格"对话框中，更改行列数值如图 3-29 所示，单击确定按钮，在页面中插入一个 6 列 13 行的空白表格。

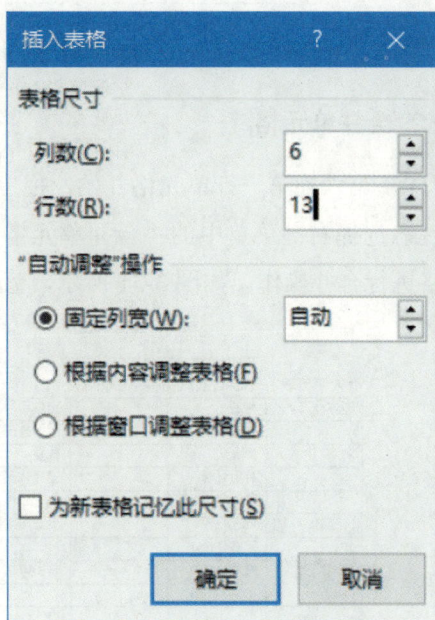

▲ 图 3-28　插入表格　　　　▲ 图 3-29　插入 6 列 13 行的表格

任务2 编辑表格

1. 文字及数据录入

在表格中录入如图 3-30 所示的内容。

个人简历表						
基本信息	姓名		出生年月			
	民族		政治面貌			
	身高		体重			
	身份证号		健康状况			
	联系电话		电子邮件			
	所在院校		专业/学制			
	家庭住址					
家庭信息	姓名	与本人关系	联系电话	工作单位		
学习经历						
个人简介						

▲ 图 3-30 录入简历内容

2. 合并单元格

(1) 从第六列第一行单元格开始，拖曳鼠标左键至第五行，选中此处单元格，单击鼠标右键，选择右键菜单中的"合并单元格"命令即可合单元格。用此方法可依次对其他单元格进行合并操作。如图 3-31 所示，蓝色和灰色区域表示了所有欲合并的单元格。

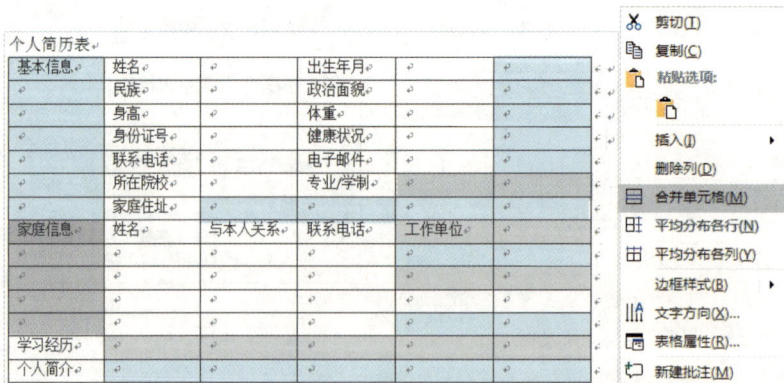

▲ 图 3-31 合并单元格

(2) 选择"家庭住址"所在行的所有空白单元格并将其合并为一个单元格。

(3) 按"个人简历表"样文所示的效果，合并单元格，最终如图 3-32 所示。

个人简历表

基本信息	姓名		出生年月		
	民族		政治面貌		
	身高		体重		
	身份证号		健康状况		
	联系电话		电子邮件		
	所在院校		专业/学制		
	家庭住址				
家庭信息	姓名	与本人关系	联系电话	工作单位	
学习经历					
个人简介					

▲ 图 3-32　合并单元格后效果

注：单元格拆分(本例中无拆分单元格内容)选择任意单元格，单击右键，选择"拆分单元格"，在弹出的对话框中，设置行/列数值即可将单元格拆分成多行多列。

任务3　表格的美化

个人简历的制作

1. 行高设置

(1) 单击表格左上角全选表格图标 ⊞，选中表格。

(2) 单击右键，选择"表格属性"，在"行(R)"选项卡设置参数，如图 3-33 所示。

(3) 将鼠标悬停在需调整高度的表行的表格边框线上，等鼠标指针变为如图 3-34 方框区域所示的双向箭头样式后，按下鼠标左键，拖曳表格线至所需高度即可调整表行的高度。

▲ 图 3-33　表格属性

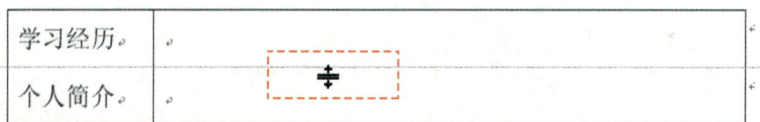

▲ 图 3-34　表格行高调整

注：可以通过"表格属性"设置行高来改变表行的高度。如需调整列宽度，则需将鼠标悬停在对应的单元格列边框线上，等鼠标指针变为←‖→时即可操作。

2. 列宽设置

(1) 将鼠标悬停在表格左上角第一列处，待鼠标指针变成黑色的粗键头⬇时，单击鼠标左键选中表格第一列。

(2) 单击右键，选择"表格属性"，在"列(U)"选项卡，设置指定宽度为"2 厘米"。

3. 文字方向设置

(1) 选中表格第一列。

(2) 单击右键，选择"文字方向"，打开如图 3-35 所示的"文字方向"对话框，选择竖排文字效果。

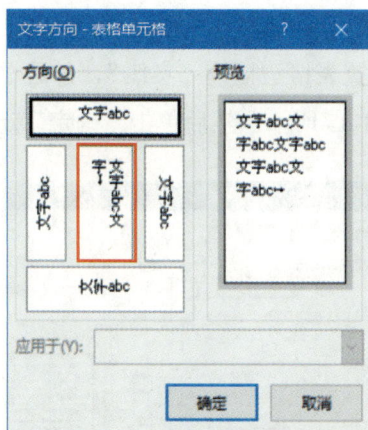

▲ 图 3-35   调整文字方向

4. 文字对齐方式设置

(1) 全选表格，单击右键，选择"表格属性"，打开"表格属性"对话框。

(2) 在弹出的对话框中选择"单元格(E)"选项卡，在"垂直对齐方式"项中选择"居中"，单击"确定"按钮，如图 3-36 所示。

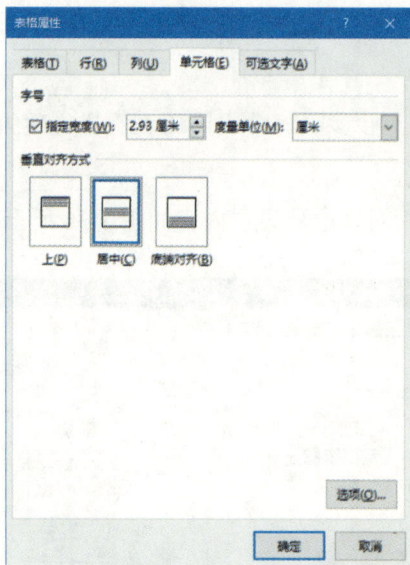

▲ 图 3-36   设置文字居中对齐

(3) 选择表格第一列，在"段落"选项卡中设置其段落对齐方式为"居中"。

(4) 选择其他各行，设置其段落对齐方式为"居中"。

5. 表格边框设置

(1) 单击表格左上角全选表格图标，选中表格。

(2) 选择"开始"菜单下的"段落"选项卡，打开"边框和底纹"对话框。

(3) 在打开的对话框中设置表格边框为"实线"，外边框线宽度为"1.5 磅"，表格内线框宽度为"0.5 磅"，如图 3-37 所示，然后单击"确定"退出表格边框设置。

▲ 图 3-37　表格边框线设置

6. 单元格底纹设置

(1) 选择表格的第一列，并参照"个人简历表"样文效果，按住 Ctrl 键，拖曳鼠标选择其他单元格。

(2) 打开"边框和底纹"对话框，设置内容如图 3-38 所示。

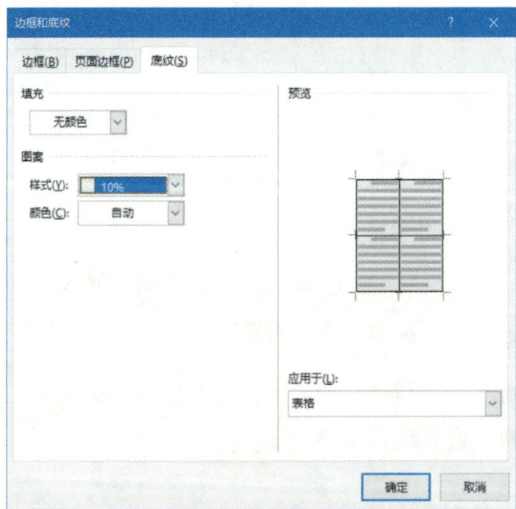

▲ 图 3-38　边框和底纹设置

7. 表格内容整理

调整表格中各单元格内容的字间距，存盘，完成"个人简历表"的制作。

任务4　制作个性求职简历

个性求职简历

1. 文本转换成表格

(1) 打开给定素材"个性简历.docx"。

(2) 按 Ctrl + A 组合键全选给定素材，选择"插入"菜单，在"表格"选项卡中选择"文本转换成表格(V)"项，打开"将文字转换成表格"对话框，如图 3-39 所示。

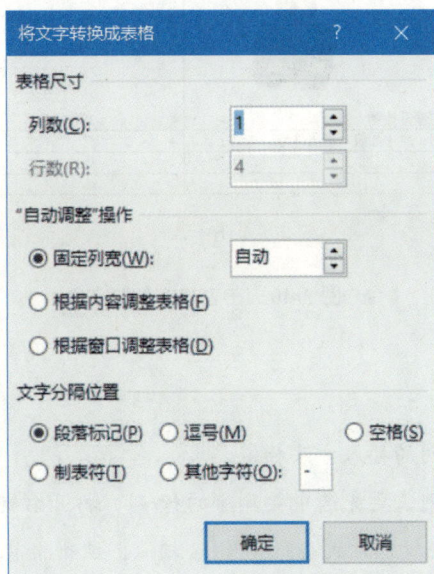

▲ 图 3-39　"将文字转换成表格"对话框

(3) 参数选择默认，然后单击确定退出对话框，生成如图 3-40(a)所示的 4 行 1 列表格。

注：在"表格布局"中选择"转换为文本"可轻松将表格内容转换为常规文字。

2. 插入/删除行或列

单击表格中任意位置，打开右键菜单，选择"在右侧插入列(R)"，效果如图 3-40(b)所示。

(a)

(b)

▲ 图 3-40 在表格右侧插入列

> **注**：表格中行/列的插入方法相似。
>
> 删除行/列则需要先选中要删除的行/列，打开右键菜单即可找到删除项。
>
> 单元格删除操作方式与行/列删除相似，但删除前会弹出"删除单元格"对话框进行询问提示。

3．平均分布各行/列

(1) 拖曳表格最下面一条边框线至页尾。

(2) 全选表格，打开右键菜单。选择"平均分布各行(N)"，如图 3-41 所示。

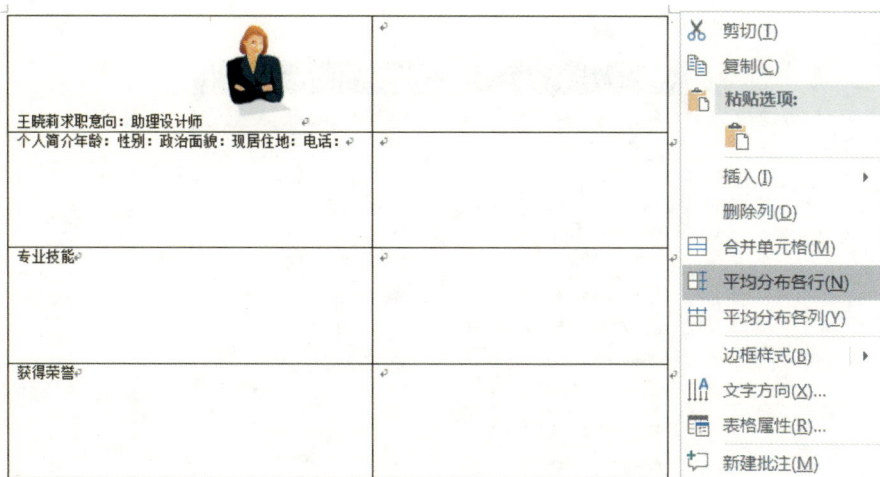

▲ 图 3-41　平均分布各行

4. 表格调整与修饰

(1) 参照样文效果调整表格列宽。

(2) 为表格的第一列设置深蓝色底纹。

(3) 按样文效果回车换行，整理各单元格内容，同时补充各单元格缺失的文字内容。

(4) 各单元格中文字及段落格式样式设置如图 3-42 所示。

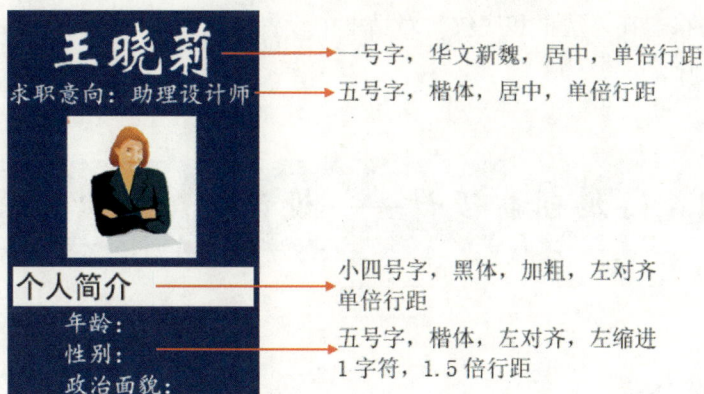

一号字，华文新魏，居中，单倍行距

五号字，楷体，居中，单倍行距

小四号字，黑体，加粗，左对齐
单倍行距

五号字，楷体，左对齐，左缩进
1 字符，1.5 倍行距

▲ 图 3-42　单元格样式设置

(5) 选择单元格内容"个人简历"，打开"边框和底纹"对话框，为其设置白色底纹，在"应用于"项中选择"段落"。其他相似部分设置方法相同。

(6) 在"教育经历"文字后添加下线划，线型为"点式下划线"。

(7) 选中下划线，打开"字体"对话框，对下划线进行"位置提升"设置，如

图 3-43 所示。

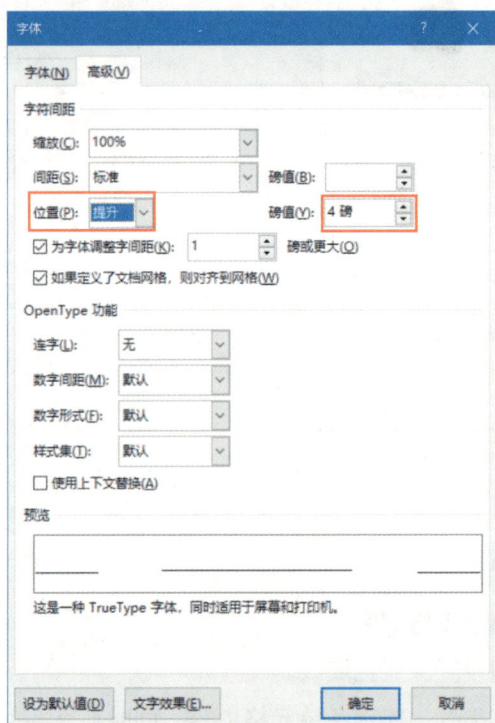

▲ 图 3-43　下划线位置提升

(8) 全选表格，在"边框和底纹"对话框中设置内、外边框均为"无边框"。整理完成个性简历的制作。

项目4　海报创新设计——设计舞蹈社团宣传海报

项目分析

【项目描述】

学校舞蹈社团即将在大一新生中进行纳新，并将纳新海报张贴在学校宣传栏处。为了让学生了解舞蹈社团的特点、职责、口号、报名要求，李欢作为舞蹈社团的社长，结合社团特点，承接了宣传海报的设计任务。

　　能够实现海报设计的软件有很多，但利用Word软件进行设计十分便捷。一个设计优秀的海报必须具有样式美观、主题突出、简单明了、能够吸引观看者等特点。项目实现后的效果如图3-44宣传海报样文所示。

▲　图 3-44　宣传海报样文

【项目目标】

- 了解社团宣传海报的设计要点
- 掌握图片、艺术字、文本框、形状的创建和编辑方法(重点)
- 能够利用图片设计海报背景
- 能够达到海报宣传的设计要求(难点)

任务1 制作宣传海报背景

1. 启动 Word 2016 并新建空白文档

(1) 单击"开始"按钮，依次选择"所有程序"/"Word 2016"，启动 Word，系统新建一个名为"文档1"的空白文档。

(2) 将该文档以"宣传海报"命名并保存。

2. 设置宣传海报页面格式

打开"布局"选项卡，在"页面设置"中设置纸张大小为"A4"，纸张方向为"纵向"，页边距为"窄"。

3. 制作宣传海报背景

(1) 单击"插入"选项卡中的"图片"选项按钮，在弹出的窗口中找到素材文件夹中的"bj.jpg"图片，单击右下角的"插入"按钮，即可将背景图片插入到文档中，如图 3-45 所示。

▲ 图 3-45 插入"bj"图片

(2) 双击插入的"bj.jpg"图片，将图片选中，在"格式"选项卡中单击"环绕文字"选项按钮，在弹出的下拉菜单中选择"衬于文字下方"，如图 3-46 所示。

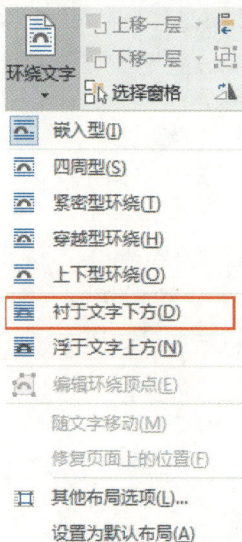

▲ 图 3-46　设置环绕文字方式

4. 插入"舞动人生"图片

(1) 将光标定位在图片右下角，用与上一步同样的方法，插入素材文件夹中的"舞动人生"图片，如图 3-47 所示。

▲ 图 3-47　插入"舞动人生"图片

(2) 选中插入的图片，在"格式"选项卡中单击"环绕文字"选项按钮，在弹出的下拉菜单中选择"浮于文字上方",如图 3-48 所示。

▲ 图 3-48   设置环绕文字方式

(3) 单击选中"舞动人生"图片,将鼠标放在四角的控制点上,按住 Shift 键拖动鼠标,调整图片的大小,同时用鼠标调整图片的位置位于页面的上方并左右居中。

任务 2   制作宣传文字

1. 安装字体文件

(1) 打开素材文件夹,选中提供的"汉仪蝶语体简"和"华康海报体 W12"两个字体文件,按 Ctrl + C 键复制。

(2) 打开"我的电脑",打开 C 盘中的 Windows 文件夹,再双击打开 Fonts 文件夹,按 Ctrl + V 键粘贴,即可将字体文件安装好。

2. 制作宣传口号"青春飞扬 梦想起航"背景

(1) 单击"插入"选项卡中的"形状"选项按钮,在弹出的下拉菜单中选择"圆角矩形"图形,拖动鼠标在图片下方绘制图形,选中绘制的图形,单击边框上调整形状的黄色块拖动,调整图形形状如图 3-49 所示。

▲ 图 3-49　调整后圆角矩形形状

(2) 在"格式"选项卡中"形状样式"栏中单击"形状填充"按钮，设置颜色为"深红"，单击"形状轮廓"按钮，设置为"无轮廓"，如图 3-50 所示。

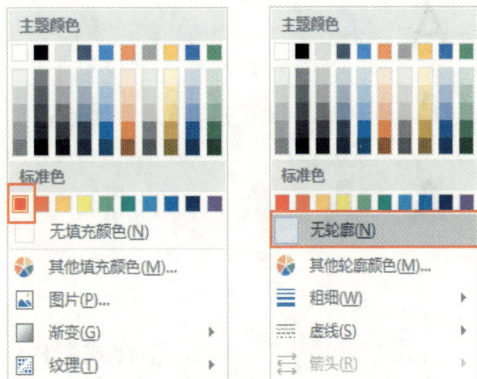

▲ 图 3-50　设置圆角矩形的颜色

(3) 选中绘制的圆角矩形，按 Ctrl + D 键向下复制，选中新复制的图形，设置其形状填充为"无填充颜色"，形状轮廓颜色为"深红"，粗细为" 2.25 磅"，虚线线型为"短划线"，同时调整将形状放大，并调整其位置位于舞动人生图片下方，如图 3-51 所示。

▲ 图 3-51　设置后的圆角矩形效果

3. 插入宣传文字"青春飞扬 梦想起航"

(1) 单击选中第一次绘制的圆角矩形，单击右键，在弹出的菜单中选择"添加文字"。

(2) 在其中输入"青春飞扬　梦想起航"文字，并设置文字的字体和字号，这里可自行调整，使其与圆角矩形相匹配即可，同时更改文字的颜色为白色，如图 3-52 所示。

▲ 图 3-52　插入宣传文字

4. 制作宣传口号"加入我们吧，团队有你更精彩"

(1) 单击"插入"选项卡中的"插入艺术字"选项按钮，在弹出的下拉菜单中选择"填充-橙色，着色 2，轮廓-着色 2"艺术字样式，如图 3-53 所示，输入文字"加入我们吧，团队有你更精彩"，选中文字，设置字体为"汉仪蝶语体简，小初"。

▲ 图 3-53　插入艺术字

(2) 双击艺术字，在"格式"选项卡中"艺术字样式"栏中，设置"文本填充"为"红色"，"文本轮廓"为"白色"，效果如图 3-54 所示，将设置完成的艺术字移动至页面底端。

▲ 图 3-54　宣传口号艺术字效果

任务 3　制作社团纳新须知

社团宣传海报

1. 制作"舞蹈社团纳新"竖排文字

(1) 单击"插入"选项卡中的"插入艺术字"选项按钮，在弹出的下拉菜单中选择"填充-金色，着色 4，软棱台"艺术字样式，如图 3-55 所示。输入文字"舞蹈社团纳新"并设置文字的字体为"华康海报体 W12，小初"。

▲ 图 3-55　插入艺术字样式

(2) 双击插入的艺术字，在"格式"选项卡中，文字方向更改为"垂直"，将艺术字变为垂直文本，同时设置"艺术字样式"栏中的文本填充为"浅蓝"，文本轮廓为"白色"，并调整好文字位置，设置后的效果如图 3-56 所示。

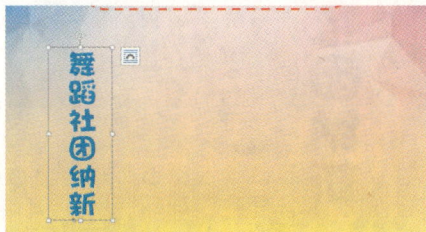

▲ 图 3-56　调整后的艺术字样式

2. 插入文本框，并调整文本框效果

(1) 单击"插入"选项卡中的"文本框"选项按钮，在弹出的下拉菜单中选择"绘制文本框"选项，如图 3-57 所示，在页面中绘制一个文本框。

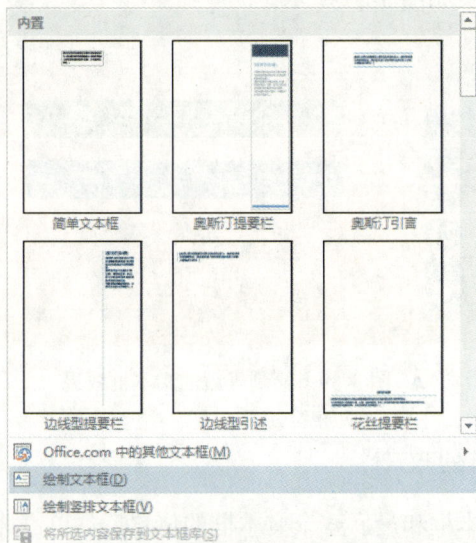

▲ 图 3-57　插入绘制文本框

(2) 双击绘制的文本框，在"格式"选项卡中"插入形状"栏中，点击"编辑形状"按钮下的"更改形状"，在弹出的形状中选择"圆角矩形"，如图 3-58 所示，将绘制的形状变为圆角矩形。

▲ 图 3-58　将文本框更改为圆角矩形

(3) 双击绘制的文本框，在"格式"选项卡中设置其填充颜色为"自定义颜色-绿色"，形状轮廓为"无轮廓"。

(4) 用同样的方法，绘制另外三个文本框，并分别更改文本框的填充颜色为"蓝色""粉色""金色"，效果如图 3-59 所示。

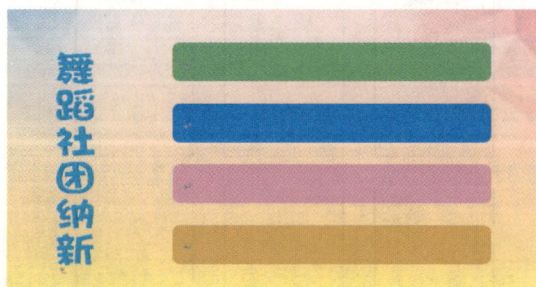

▲ 图 3-59　绘制好后的文本框效果

3. 调整文本框的排列方式

(1) 调整好第一个文本框和最后一个文本框的位置后，单击选中第一个文本框，然后按住 Shift 键依次单击选中其余三个文本框。

(2) 单击"格式"选项卡中"对齐"按钮下拉菜单(如图 3-60 所示)中的"左对齐"和"纵向分布"按钮，对齐文本框。

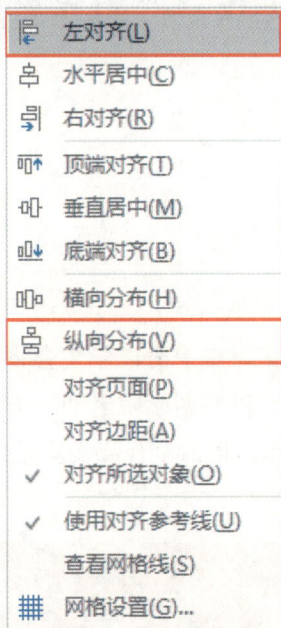

▲ 图 3-60　"对齐"下拉菜单

4. 在文本框中添加"纳新须知"相关文字

(1) 在第一个文本框中单击，添加文字"对象：喜爱舞蹈的大一新生"，并设置文字的字体为"汉仪蝶语体简，四号，白色"。

(2) 用同样的方法，在第二个文本框中添加文字"要求：积极参与社团活动"，第三个文本框中添加文字"时间：2021 年 9 月 5 日— 9 月 20 日"，第四个文本框中添加文字"方式：发送报名邮件至 wdst@163.com"。设置后的最终效果如图 3-61 所示。

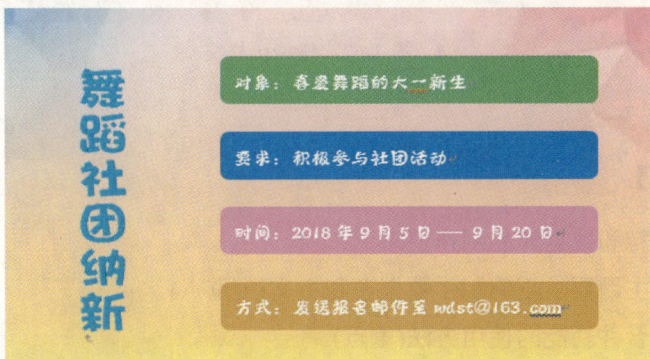

▲ 图 3-61　"纳新须知"文字最终效果

项目5 批量处理——制作中秋晚会邀请函

项目分析

【项目描述】

一年一度的中秋佳节即将到来，信息分院学生会将以主办方的身份，举办以"中国月"为主题的中秋明月文艺晚会，以感谢学院老师一年来对学生的帮助与教导。因为时间紧急，需要批量制作晚会邀请函，同时制作嘉宾桌签。项目实现后的效果如图 3-62 邀请函样文所示。

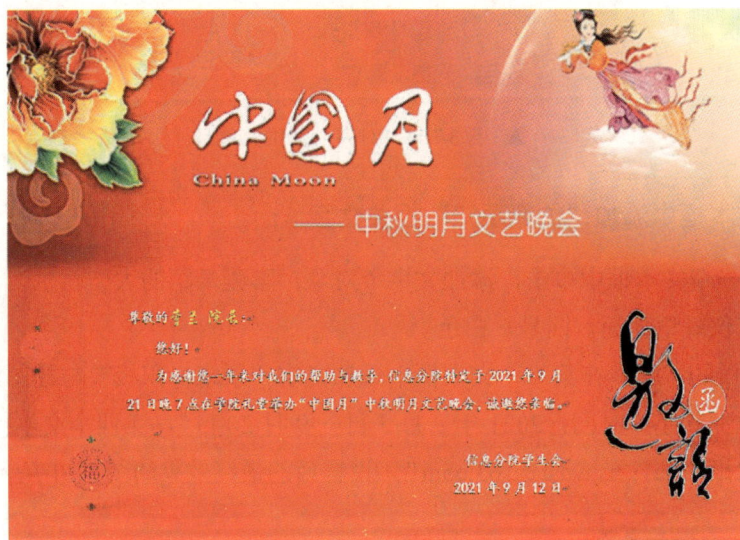

▲ 图 3-62 邀请函样文

【项目目标】

- 了解主文档和数据源的制作要求
- 能够根据主题要求正确制作数据源和主文档(重点)
- 掌握邮件合并功能的使用方法(重点)
- 能够运用邮件合并功能完成邀请函、桌签等内容的批量制作(难点)

项目实现

任务1　制作中秋晚会主文档

主文档

1．新建 Word 文档并进行页面设置

(1) 单击"开始"按钮，依次选择"所有应用"/"Word 2016"，启动 Word，系统新建一个名为"文档1"的空白文档，以"中秋邀请函"命名并保存。

(2) 打开"布局"选项卡，在"页面设置"中设置纸张大小为"A4"，纸张方向为"横向"，页边距为"普通"。

2．制作邀请函背景

单击"插入"选项卡中的"图片"选项按钮，在弹出的窗口中找到素材文件夹中的"中秋邀请函背景"图片，单击"插入"按钮，将背景图片插入到文档中。

3．设计制作邀请函内容

(1) 单击"插入"选项卡中的"文本框"选项按钮，在弹出的下拉菜单中选择"绘制文本框"按钮，在页面中绘制一个文本框。

(2) 双击绘制的文本框，在"格式"选项卡中设置其填充颜色为"无填充颜色"，形状轮廓为"无轮廓"。

(3) 在文本框中输入邀请函中要写的文字内容：

尊敬的：

您好！

为感谢您一年来对我们的帮助与教导，信息分院特定于2021年9月21日晚7点在学院礼堂举办"中国月"中秋明月文艺晚会，诚邀您亲临。

信息分院学生会

2021年9月12日

> **注：** 排版时，"您好"和正文设置首行缩进2字符，"信息分院学生会"和"2018 年 9 月 12 日"设置为文字右对齐。

(4) 选中输入的字，并将文字的字体设置为"楷体，小四，白色"，在"段落"面板中设置文字的行距为"1.5 倍"，设置好后，将文档保存。主文档内容及效果如图 3-63 所示。

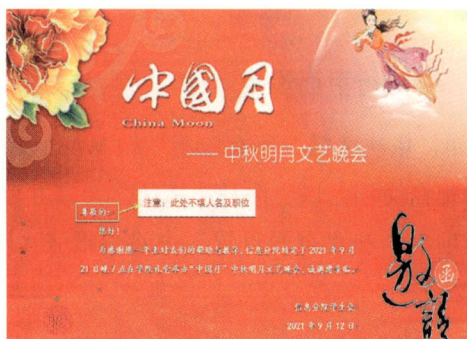

▲ 图 3-63 主文档效果

任务 2 制作中秋晚会数据源

数据源

1. 利用 Word 软件制作"嘉宾名单"数据源

(1) 新建 Word 文档，以"嘉宾名单"命名并保存。

(2) 单击"插入"选项卡中"表格"按钮，在下拉菜单中选择"插入表格"，在弹出的对话框中设置表格为 17 行 3 列，如图 3-64 所示，单击"确定"按钮。

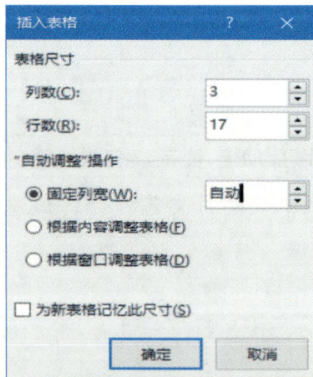

▲ 图 3-64 插入表格

(3) 在表格的第一行输入序号、姓名、职位，在表格的下面分别输入对应的内容，输入完成后保存即可，录入的具体内容如图 3-65 所示。

序号	姓名	职位
1	李兰	院长
2	赵平军	书记
3	王敏	院长
4	钱贺	主任
5	孙军	主任
6	李晓红	院长
7	周芳	处长
8	李长生	处长
9	赵应海	主任
10	冯秀兰	书记
11	何离	副院长
12	魏来	处长
13	韩羽林	书记
14	周若紫	主任
15	欧阳平丹	处长
16	李玉泽	主任

▲ 图 3-65　"嘉宾名单"Word 数据源

> **注**：制作数据源时要注意，表格上方不能够有标题行，同时数据之间不能有空行。数据源对文字的对齐方式、字体与字号的设置无要求。

2. 利用 Excel 软件制作"嘉宾名单"数据源(选做)

(1) 新建一空白 Excel 文档，以"嘉宾名单"命名并保存。

(2) 在"Sheet1"工作表中 A1 单元格直接输入数据内容，Excel 工作表中数据录入要求与 Word 相同，且不需要设置表格样式，录入完成后直接保存即可。录入好的数据内容如图 3-66 所示。

序号	姓名	职位
1	李兰	院长
2	赵平军	书记
3	王敏	院长
4	钱贺	主任
5	孙军	主任
6	李晓红	院长
7	周芳	处长
8	李长生	处长
9	赵应海	主任
10	冯秀兰	书记
11	何离	副院长
12	魏来	处长
13	韩羽林	书记
14	周若紫	主任
15	欧阳平丹	处长
16	李玉泽	主任

▲ 图 3-66　"嘉宾名单"Excel 数据源

任务 3　邮件合并文档

邮件合并

1. 选择收件人列表

(1) 打开前面编辑好的"中秋邀请函"主文档，打开"邮件"选项卡，在下面的"选择收件人"下拉菜单中选择"使用现有列表"命令，如图 3-67 所示。

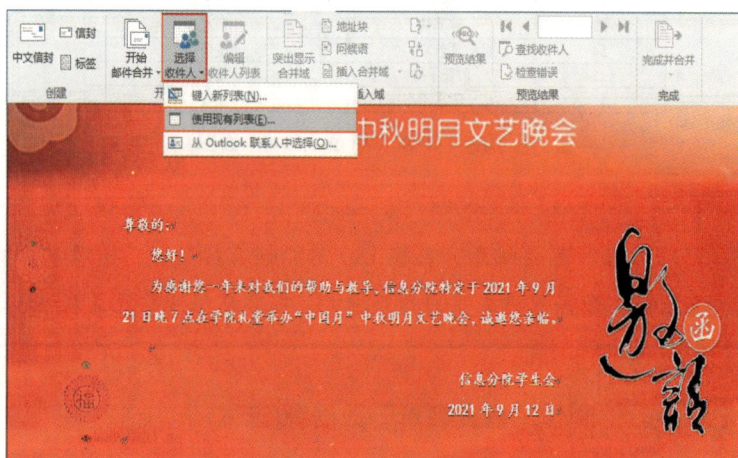

▲ 图 3-67　选择收件人

(2) 从弹出的窗口中找到编辑好的"嘉宾名单"数据源(Word 或 Excel 均可)，如图 3-68 所示，单击"打开"按钮，即可将数据源与主文档链接起来。

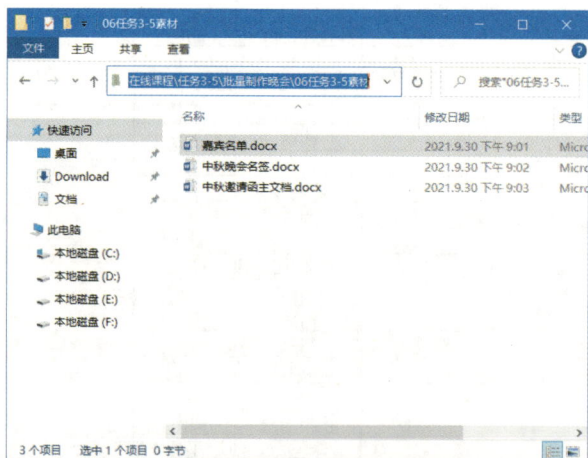

▲ 图 3-68　选择"嘉宾名单"数据源

2. 插入合并域

(1) 将光标定位在要插入内容的位置处，单击"插入合并域"下拉菜单中的"姓名"，用同样的办法插入"职位"，在"姓名"和"职位"中间用空格分隔，如图3-69所示。

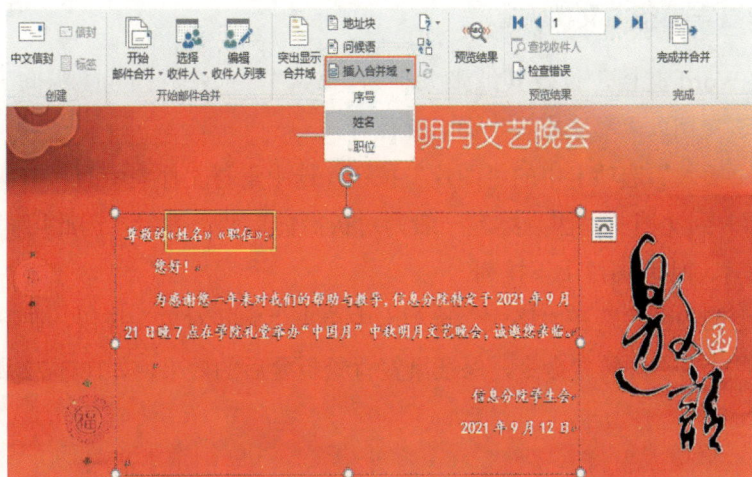

▲ 图 3-69　插入合并域

(2) 选中文本框中插入的"姓名"和"职位"字段名，设置其字体为"李旭科书法(若无此字体，也可自行更换)，四号，黄色"。

3. 生成邀请函文档

(1) 点击如图 3-70 所示的"预览结果"按钮，即可看到插入合并域后的效果，此时，可单击"上一记录"或"下一记录"按钮预览全部结果，对有问题的记录可进行修改。

(2) 若全部记录准确无误，可单击"完成并合并"按钮下的"编辑单个文档"按钮，如图 3-71 所示，即可生成邀请函最终文档，该文档可保存并打印输出。

▲ 图 3-70　预览结果

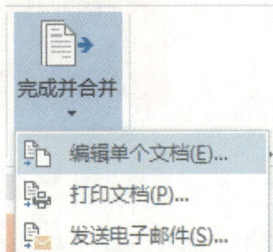

▲ 图 3-71　完成合并文档

任务 4　制作嘉宾桌签

1. 制作嘉宾桌签主文档

(1) 新建 Word 文档，设置其纸张大小为 "A4"，纸张方向为 "纵向"，页边距为 "普通"，将该文档以 "嘉宾桌签" 命名并保存。

(2) 单击 "插入" 选项卡中的 "图片" 按钮，选中素材文件夹中的 "中秋桌签背景" 图片，将其插入到文档中。因为桌签一般为对折后前后两面观看，因此用同样的方法，再次插入该图片，使两图片上下排列。

(3) 选中上侧的图片，在 "格式" 选项卡中单击 "旋转对象" 按钮，在下拉菜单中选取 "垂直翻转" "水平翻转" 命令，保证桌签背景折叠后的效果，如图 3-72 所示。

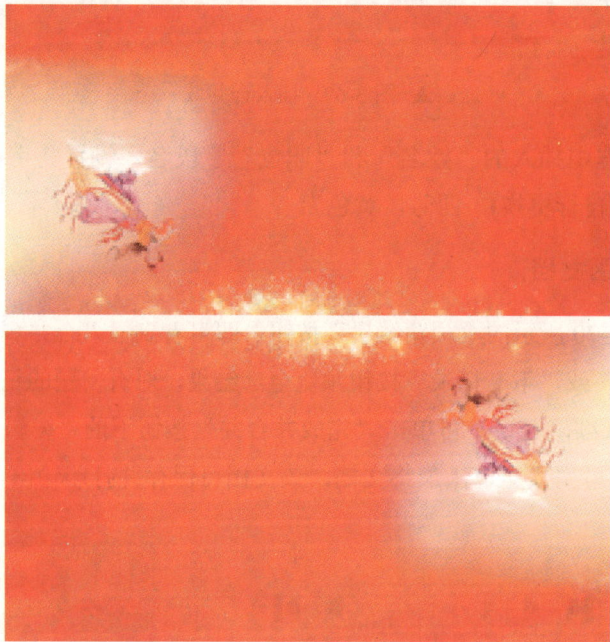

▲ 图 3-72　"嘉宾桌签" 背景

(4) 单击 "插入" 选项卡中 "文本框" 按钮，在下拉菜单中选择 "绘制文本框"，在下面的背景图片上绘制一个文本框，并在 "格式" 选项卡中设置文本框填充颜色为 "无填充颜色"，形状轮廓为 "无轮廓"。

(5) 在文本框中输入"嘉宾席"文字，同时设置文字的字体为"迷你简汉真广标，80，加粗，黄色"，设置好后，排列好文字的位置。效果如图 3-73 所示。

▲ 图 3-73　桌签文字

(6) 单击"插入"选项卡中"艺术字"按钮，在下拉菜单中选择艺术字样式为"填充-白色，轮廓-着色 2，清晰阴影-着色 2"，在第一幅图片上插入艺术字，并设置文字的字体为"迷你简汉真广标，60，加粗"。

(7) 此时需要调整文字的方向，调整方法同该背景，即在"格式"选项卡中单击"旋转对象"按钮，在下拉菜单中选取"垂直翻转""水平翻转"命令，保证桌签文字与背景方向是一致的。制作完成效果如图 3-74 所示。

▲ 图 3-74　调整后的桌签文字

2．生成嘉宾桌签文档

使用与制作邀请函一样的方法，利用"邮件合并"功能，生成嘉宾桌签文档。可以根据实际效果调整嘉宾名字的位置。制作完成效果如图 3-75 所示，白色区域为折痕区域。

▲ 图 3-75　嘉宾桌签最终效果

项目6　长文档排版——编排毕业论文

项目分析

【项目描述】

撰写毕业论文是高等学校教学过程的重要环节之一，是大学生完成学业的重要标志，是对学习成果的综合性总结和检阅。毕业论文不仅文档长，而且格式多，处理起来比普通文档要复杂得多。赵军同学马上面临毕业，他的毕业论文应该如何进行排版呢？本项目重点讲解毕业论文的排版方法，该方法适用于所有长文档的排版。项目实现后的效果如图 3-76 所示。

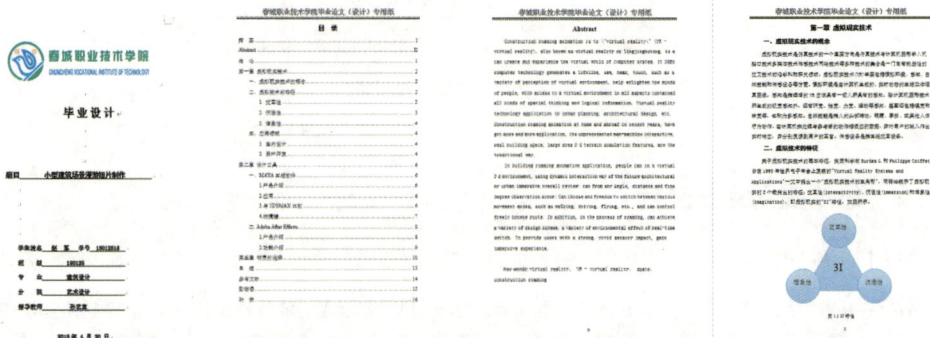

▲ 图 3-76　毕业论文样文

【项目目标】

- 掌握用分页符或分节符对文档进行换页(难点)
- 掌握页眉页脚的设置(重点)
- 掌握标题样式的设置(重点)
- 掌握自动生成目录的方法(难点)

项目实现

任务1　划分文档整体结构

划分文档整体结构

1. 为文档添加封面、目录、表格

(1) 打开素材文件夹中的"毕业论文文字素材"文件,将其另存为"15012518 赵军毕业论文"。

(2) 在"布局"中设置文档的纸张大小为"A4",纸张方向为"纵向",页边距为"普通"。

(3) 参考样文效果,在文章最前面添加封面(此方法所用知识在前面均已讲过,此处不再重复介绍),如图 3-77 所示。

▲ 图 3-77　毕业论文封面

(4) 在第二页"摘要"前添加"目录"二字,如图 3-78 所示。

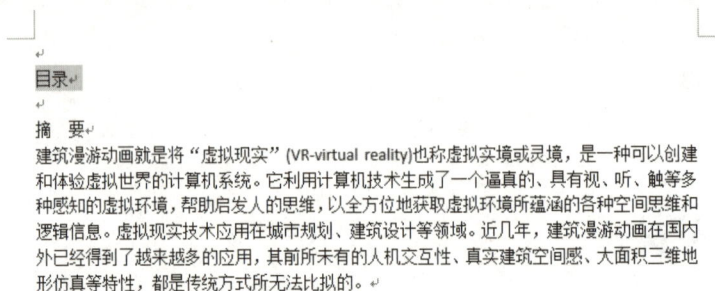

目录

摘 要
建筑漫游动画就是将"虚拟现实"(VR-virtual reality)也称虚拟实境或灵境,是一种可以创建和体验虚拟世界的计算机系统。它利用计算机技术生成了一个逼真的、具有视、听、触等多种感知的虚拟环境,帮助启发人的思维,以全方位地获取虚拟环境所蕴涵的各种空间思维和逻辑信息。虚拟现实技术应用在城市规划、建筑设计等领域。近几年,建筑漫游动画在国内外已经得到了越来越多的应用,其前所未有的人机交互性、真实建筑空间感、大面积三维地形仿真等特性,都是传统方式所无法比拟的。

▲ 图 3-78 添加目录页

(5) 在文章最后添加"论文指导(阶段性进度检查)记录"表格(此方法在前面已讲过,此处不再重复介绍)。

2. 利用分节符或分页符划分文档

(1) 单击"文件"菜单中的"选项",在弹出窗口的左侧选择"显示",右侧把"显示所有格式标记"复选框选中,如图 3-79 所示,单击"确定"按钮返回文档中,这样,再插入分节符或分页符,就会在文章中显示其标记。

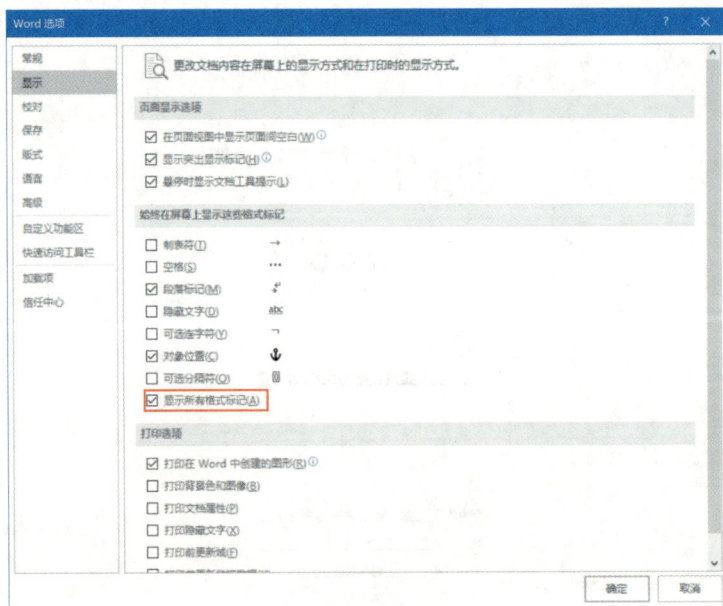

▲ 图 3-79 显示所有格式标记

(2) 将光标定位在封面页的最后位置,单击"布局"选项卡中的"分隔符",在弹出的下拉菜单中单击"下一页",即可插入一个分节符,如图 3-80 所示。

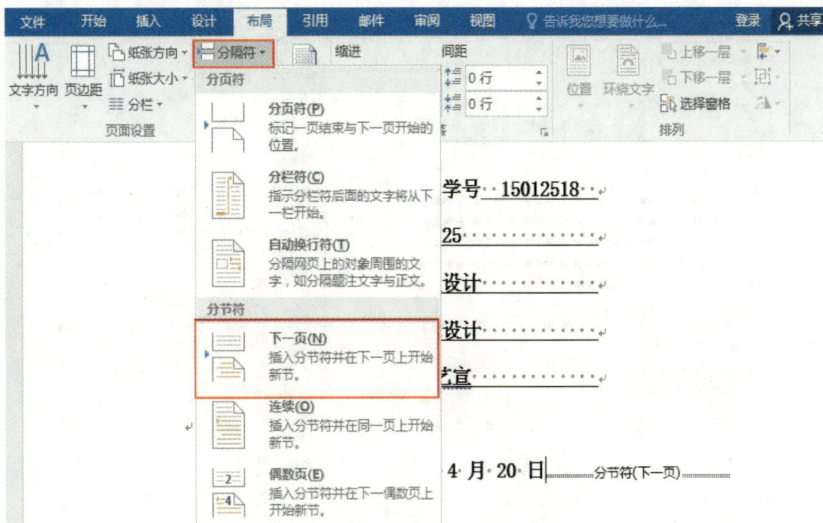

▲　图 3-80　插入分节符

(3) 同理,若选择"分隔符"下的"分页符",即可在光标所在位置插入一个分页符,由于论文每一章都要新起一页,因此页眉和页码连续的章节之间插入分页符,不连续的插入分节符。全文的分节符与分页符插入方法如下:

封面—分节符—目录—分节符—摘要—分页符—英文摘要—分节符—绪论—分页符—第一章—分页符—第二章—……。

任务 2　应用文字样式

应用文字样式

1. 设置一、二、三级标题样式

(1) 设置一级标题样式。在"开始"选项卡中的"样式"列表中找到"标题 1",在"标题 1"上单击鼠标右键,选择"修改",将弹出"修改样式"窗口,设置其格式为"黑体,小三号,加粗,居中",将下侧的"自动更新"复选框选中,然后单击左下角的"格式"按钮中的"段落"选项,在其中设置"段前段后间距为 0 磅,无首行缩进,1.5 倍行距,大纲级别 1 级",如图 3-81 所示。

(2) 用同样的方法修改"标题 2"样式为"黑体,四号,加粗,1.5 倍行距,段前段后间距为 0 行,首行缩进 2 字符,大纲级别 2 级"。

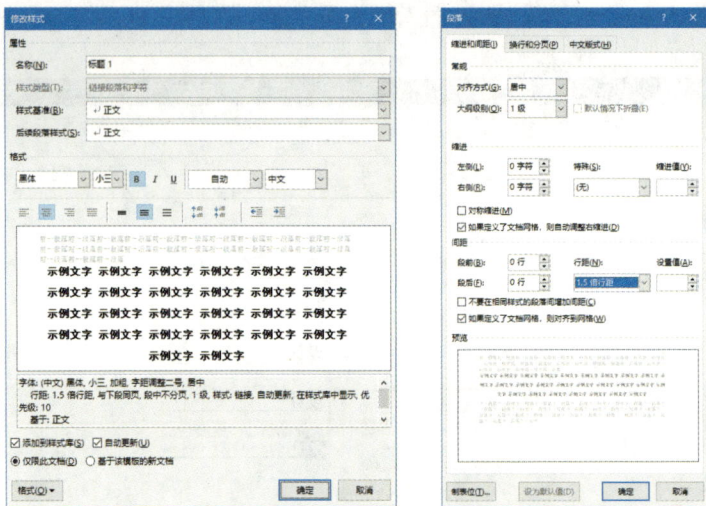

▲ 图 3-81　设置一级标题样式

(3) 同理，修改"标题 3"样式为"宋体，小四号，1.5 倍行距，段前段后间距为 0 行，首行缩进 2 字符，大纲级别 3 级"。

2. 设置正文样式

用与上面同样的方法，修改正文样式为"宋体，小四号，1.5 倍行距，段前段后间距为 0 行，首行缩进 2 字符"。

3. 为标题及正文应用样式

(1) 选择"目录"文字，将其按一级标题格式设置，但不能为其应用"标题 1"样式。

(2) 选中"摘要""Abstract""绪论""第一章 虚拟现实技术"等标题文字，单击样式中的"标题 1"，为其应用"标题 1"样式，如图 3-82 所示。

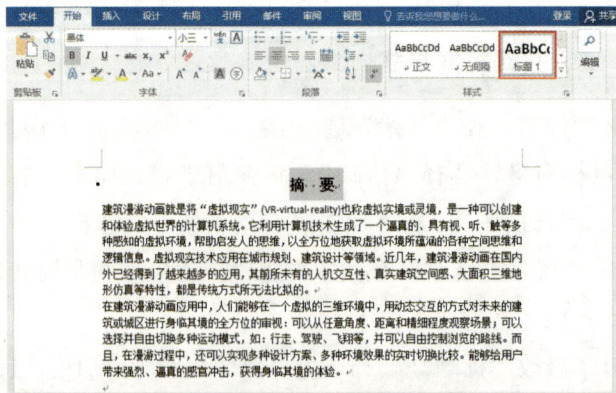

▲ 图 3-82　应用标题样式

(3) 用同样的方法，为"一、虚拟现实技术的概念""二、虚拟技术的特征"等同级别文字应用"标题2"样式。

(4) 为"1.交互性""2.沉浸性"等级别的文字应用"标题3"样式。

(5) 为其余的正文文字(表格、图表名称除外)应用正文文字样式，如图3-83所示。

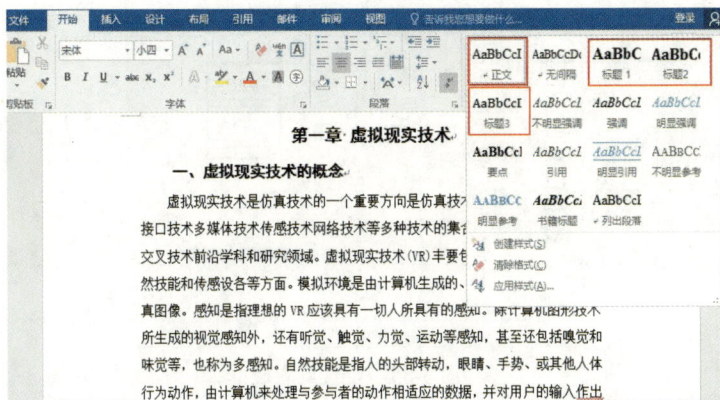

▲ 图 3-83　应用正文样式

插入页眉页码

任务 3　插入页眉页码

1. 插入页眉

(1) 双击目录页上面空白区域，进入页眉编辑区域，在"设计"选项卡中，将"链接到前一条页眉"取消选择，然后为其添加文字"春城职业技术学院毕业论文(设计)专用纸"，如图3-84所示。

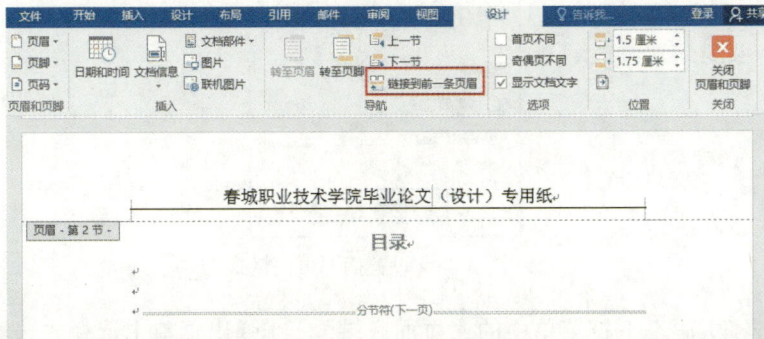

▲ 图 3-84　添加页眉文字

(2) 选中文字，设置文字字体为"宋体，三号，加粗，单倍行距"。

(3) 在"开始"选项卡中单击"边框和底纹"，打开"边框和底纹"窗口，将边框样式选择为"双线"，应用于"段落"，如图 3-85 所示。

▲ 图 3-85　设置页眉边框

(4) 单击"设计"选项卡中"关闭页眉页脚"按钮，退出页眉页脚编辑状态。

2. 插入摘要页码

(1) 将光标定位在"摘要"页面的插入页码位置处双击，进入页脚编辑区域，在"设计"选项卡中，将"链接到前一条页眉"取消选择。

(2) 单击"页码"下拉菜单中的"设置页码格式"，在弹出的窗口中将编号格式改为"I，II，III，…"，设置起始页码为"I"，如图 3-86 所示。

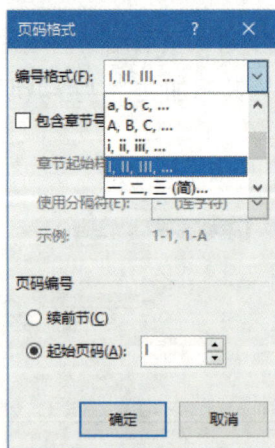

▲ 图 3-86　设置摘要页码格式

(3) 单击"页码"下拉菜单中的"页面底端"，在弹出菜单中选择"普通数字 2"，如图 3-87 所示，使页码位于页面底端居中。

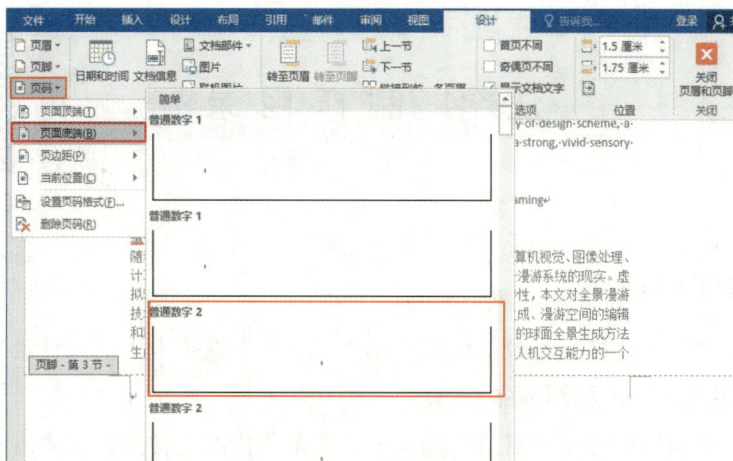

▲ 图 3-87　插入摘要页码

3. 插入正文页码

(1) 将光标定位在"绪论"页面的插入页码位置处双击，进入页脚编辑区域，在"设计"选项卡中，将"链接到前一条页眉"取消选择。

(2) 单击"页码"下拉菜单中的"设置页码格式"，在弹出的窗口中将编号格式改为"1，2，3，…"，设置起始页码为"1"，如图 3-88 所示。

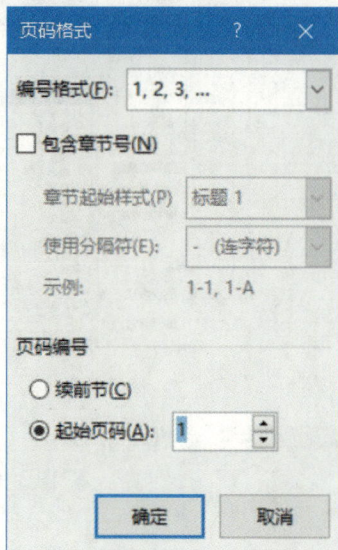

▲ 图 3-88　设置正文页码

(3) 单击"页码"下拉菜单中的"页面底端"，在弹出菜单中选择"普通数字 2"，使页码位于页面底端居中，关闭页眉页脚。

任务 4　制 作 目 录

自动生成目录

1. 设置目录样式

(1) 将光标定位在要插入目录的位置，单击"引用"选项卡下的"目录"下拉菜单中的"自定义目录"按钮，如图 3-89 所示。

(2) 在弹出的窗口中点击"目录"选项卡，单击"修改"按钮，在弹出的"样式"窗口中点击"目录1"，然后点击"修改"按钮，如图 3-90 所示。

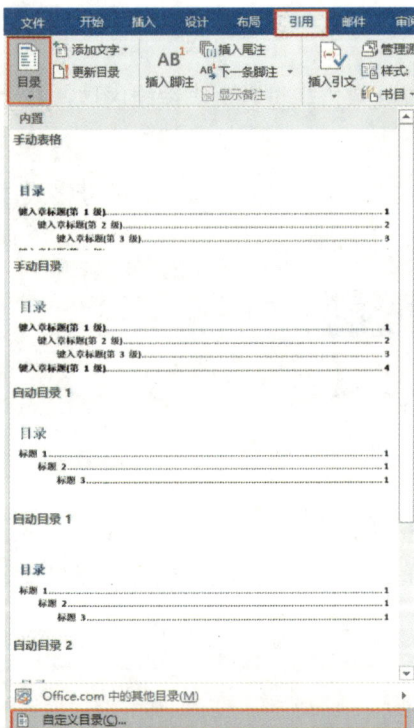

▲ 图 3-89　插入目录

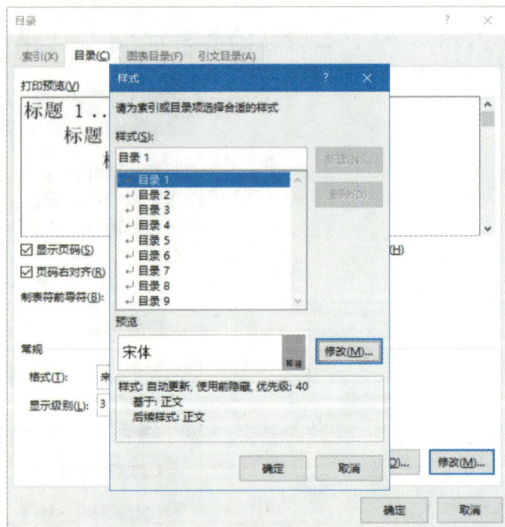

▲ 图 3-90　更改目录样式

(3) 在"修改样式"窗口中，设置格式为"宋体，小四，左对齐"，选中"自动更新"复选框，然后单击左下角"格式"按钮，在弹出的菜单中选择"段落"选项，设置为"大纲级别 1 级，1.5 倍行距"，如图 3-91 所示，单击"确定"按钮，返回到"样式"窗口。

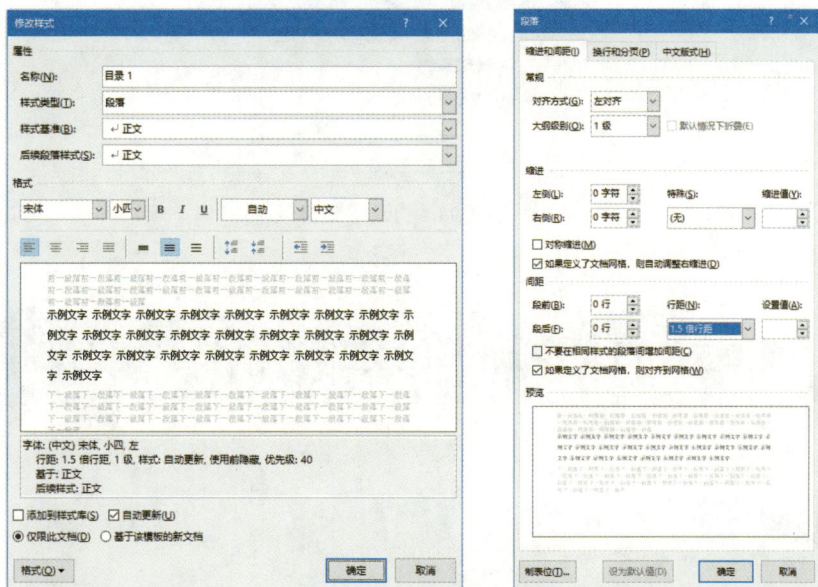

▲ 图 3-91　目录样式设置

(4) 用同样的方法，修改"目录 2"，其大纲级别改为"2 级"，其余设置不变。

(5) 同理，修改"目录 3"的大纲级别为"3 级"，其余设置不变。

(6) 退出窗口后即可发现目录已经自动生成，如图 3-92 所示。

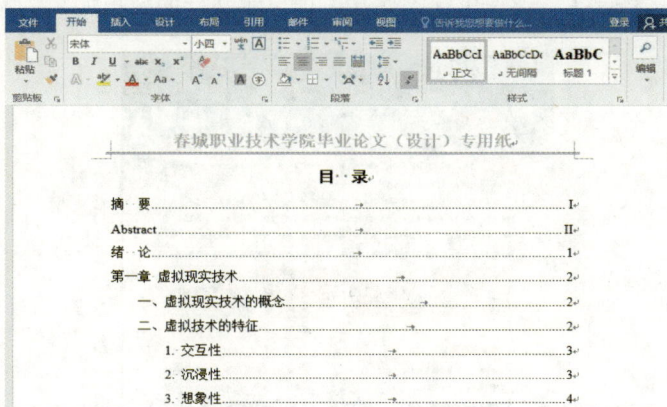

▲ 图 3-92　自动生成目录效果

2. 自动更新目录

若正文中与目录相关的内容有修改，则需要在目录上单击右键，选择"更新域"，在弹出的窗口中选择"更新整个目录"，即可将目录与文章内容自动匹配，如图 3-93 所示。

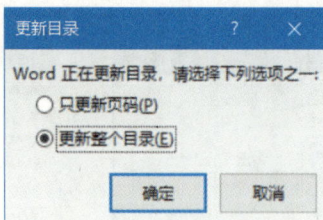

▲ 图 3-93　自动更新目录

项目7　图文混排——制作端午节介绍文档

项目分析

【项目描述】

端午节即将到来，为了对学生进行中华传统文化教育，学校将制作端午节节日介绍文档，在学生中进行宣传。经过一段时间的学习，大家已经掌握了 Word 软件的应用知识与技巧，为了考核学生的应用能力，以学校开展的中华传统文化教育活动为契机，进行端午节节日介绍文档竞赛，评选出优秀作品。项目实现后的效果如图 3-94 所示。

▲ 图 3-94　端午节介绍文档样文

【项目目标】

- 熟练掌握在 Word 中进行字体与段落设置的技巧(重点)
- 掌握文字底纹、着重号、拼音文字的设置方法(重点、难点)
- 掌握图片、形状、艺术字、文本框的设置技巧(重点、难点)
- 掌握图片编辑环绕顶点、更改图片形状的技巧(重点、难点)
- 掌握文字位置提升的设置方法(重点、难点)
- 掌握页眉和页脚中图片的设置方法(重点)

项目实现

任务1　页面设置

1. 新建 Word 文档并进行页面设置

(1) 打开素材文件夹中的"文字素材"文件,单击"文件"菜单中的"另存为"按钮,将文件以"端午节介绍"命名并保存。

(2) 打开"布局"选项卡,在"页面设置"中设置纸张大小为"A4",纸张方向为"纵向",页边距为"适中"。

2. 制作页眉和页脚图片

(1) 在页面顶端页眉位置处双击,进入页眉编辑状态。单击"插入"选项卡中的"图片"选项按钮,在弹出的窗口中找到素材文件夹中的"页眉"图片,单击"插入"按钮,如图 3-95 所示,将图片插入到页眉位置。

▲ 图 3-95　插入页眉图片

(2) 单击选中页眉图片，在"格式"选项卡中的"环绕文字"下拉菜单中选择"浮于文字上方"，如图 3-96 所示，然后调整图片四周的控制点及图片位置，使图片填充到整个页眉处。

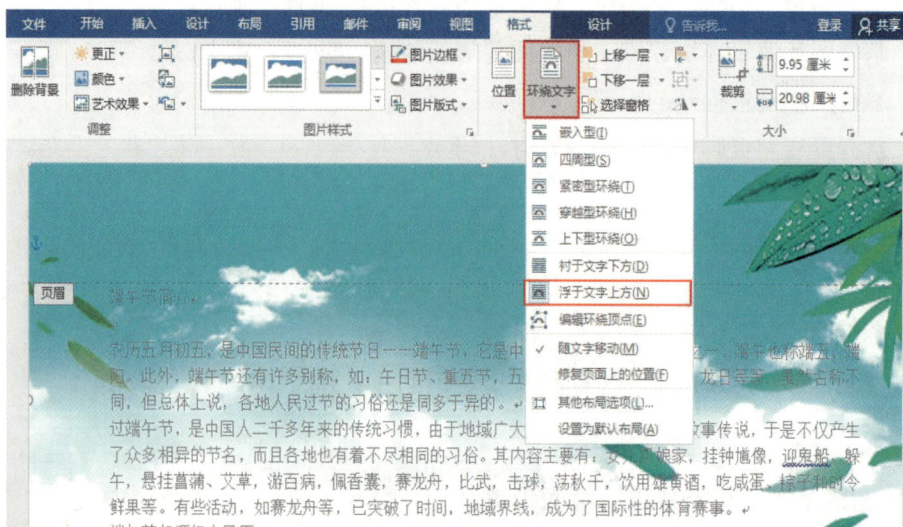

▲ 图 3-96　调整图片为"浮于文字上方"

(3) 用相同的方法插入"页脚"图片，与页眉设计不同之处在于，页脚图片与页面左下侧对齐即可。然后单击"设计"选项卡中的"关闭页眉页脚"按钮，即可看到插入的页脚效果，如图 3-97 所示。

▲ 图 3-97　插入页脚图片

任务2 文字排版

1. 标题文字排版

(1) 同时选中"端午节简介"与"端午节起源纪念屈原"文字，将字体设置为"微软雅黑，四号，加粗"，文字颜色为"红色"。单独选中"纪念屈原"文字，将文字颜色设置为"浅绿"，如图 3-98 所示。

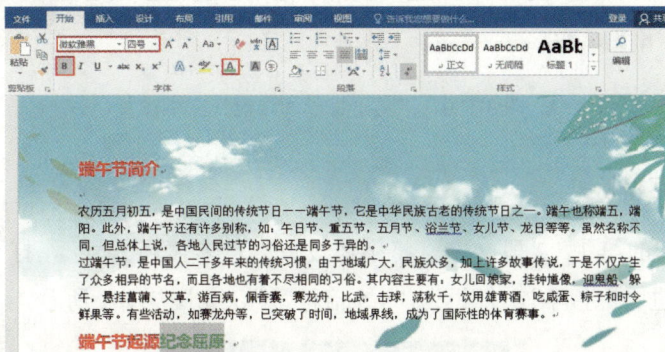

▲ 图 3-98 设置标题字体

(2) 同时选中"端午节简介"与"端午节起源纪念屈原"文字，单击"项目符号"下的"定义新项目符号"按钮，在弹出的窗口中单击"图片"按钮，弹出"插入图片"对话框，选择"从文件"后面的"浏览"，找到素材文件夹中的"图标"图片，单击"插入"按钮，单击"确定"按钮，即可为标题设置项目符号，如图 3-99 所示。

▲ 图 3-99 添加标题项目符号

(3) 选中"关于粽子的传说"文字，将字体设置为"幼圆，小三，加粗"，文字颜色设置为"浅绿"，如图 3-100 所示。

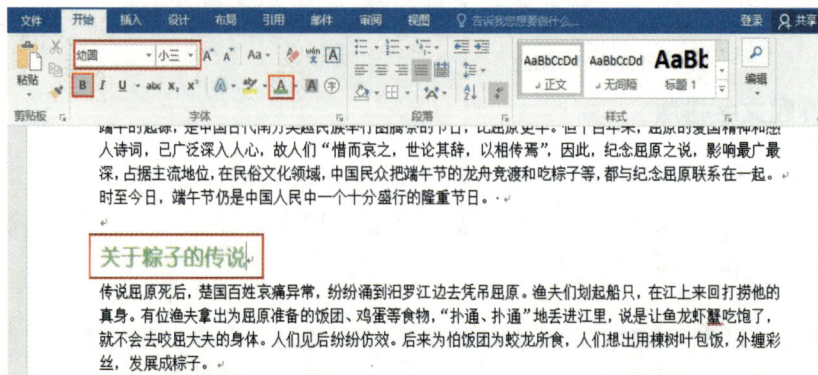

▲ 图 3-100　"关于粽子的传说"文字设置

2. 内容文字排版

(1) 选中正文的第 1、2 段文字，将字体设置为"宋体，五号"，打开"段落"选项卡，设置首行缩进"2 字符"，行距为"1.5 倍行距"，如图 3-101 所示。

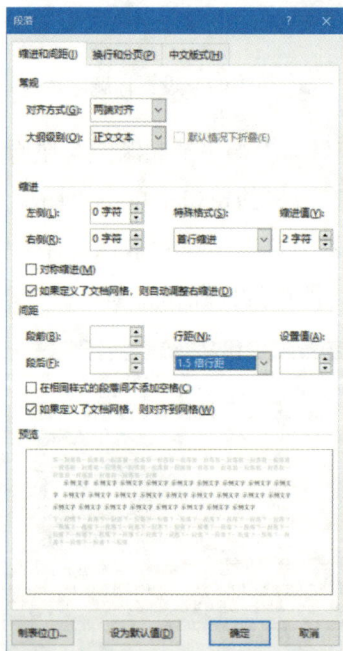

▲ 图 3-101　正文第1、2段文字样式

(2) 用同样的方法，设置"端午节起源"下的正文文字。

注：此处用"格式刷"是可以快速设置正文文字效果的。

（3）选中"端午节起源"下的正文文字，单击"布局"选项卡下的"分栏"，在下拉菜单中选择"三栏"，将文字设置分成"三栏"，如图 3-102 所示。

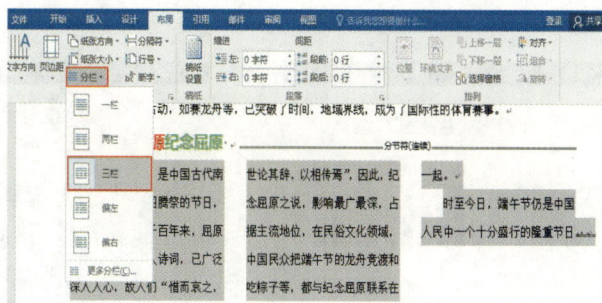

▲ 图 3-102　文字分栏

（4）选中"关于粽子的传说"下的一段正文文本，将字体设置为"楷体，小四"，打开"段落"选项卡，设置其首行缩进"2 字符"，行距为"固定值，19 磅"，如图 3-103 所示。

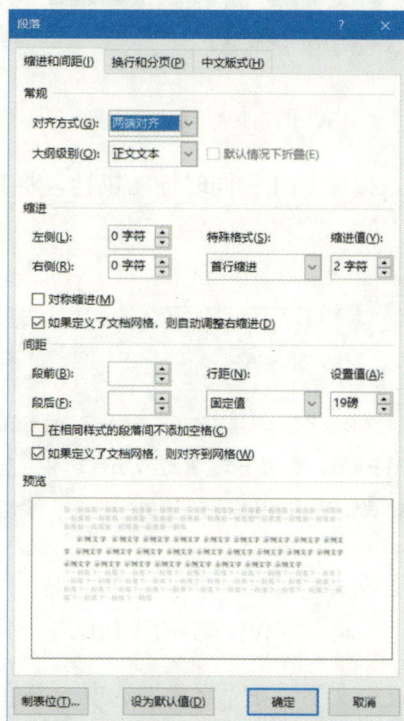

▲ 图 3-103　文字段落格式设置

3. 特殊效果文字处理

(1) 单击"插入"选项卡下的"形状",在弹出的下拉菜单中选择"直线",按住Shift键在"端午节简介"文字下方绘制一条直线。选中该直线,在"格式"选项卡中的"形状轮廓"中设置颜色为"橙色,个性色2",粗细为"2.25磅",如图 3-104 所示。

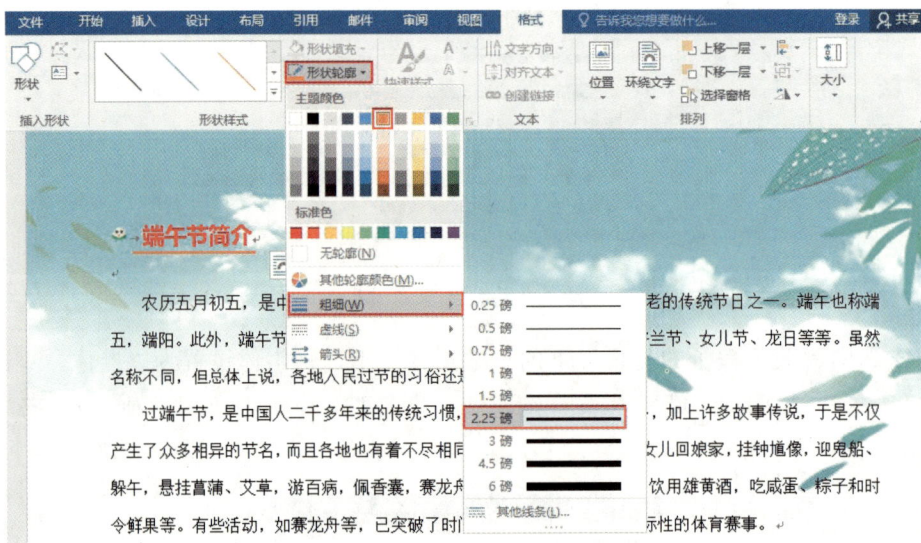

▲ 图 3-104 添加下划线

(2) 选中刚绘制的线条,按住 Ctrl 键同时拖动鼠标,将其再复制一条,并排列两线条的位置,如图 3-105 所示。

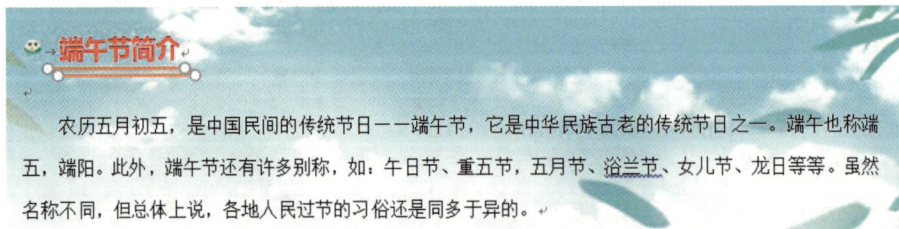

▲ 图 3-105 调整下划线样式

(3) 选中"农历五月初五"文字,在"字体"选项卡中单击"着重号",为文字添加"着重号"并加粗,如图 3-106 所示。

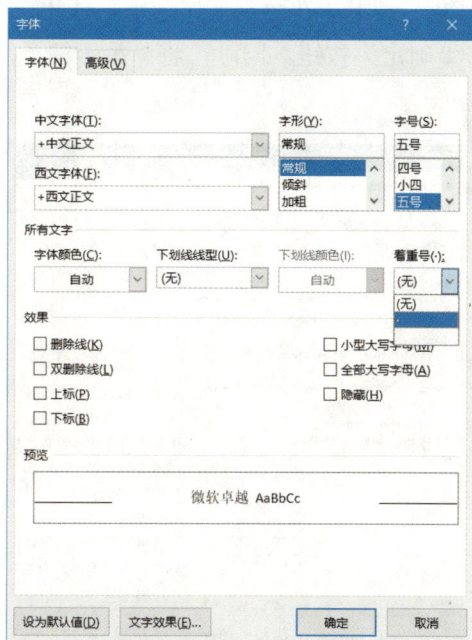

▲ 图 3-106　文字添加着重号

　　(4) 选中"端午也称端五，端阳"文字，打开"边框和底纹"对话框，在"底纹"选项卡中设置"填充"颜色为"橙色，个性色2，深色25%"，图案样式选择"5%"，应用于"文字"，如图 3-107 所示，单击"确定"按钮，然后将文字颜色改为"白色"。

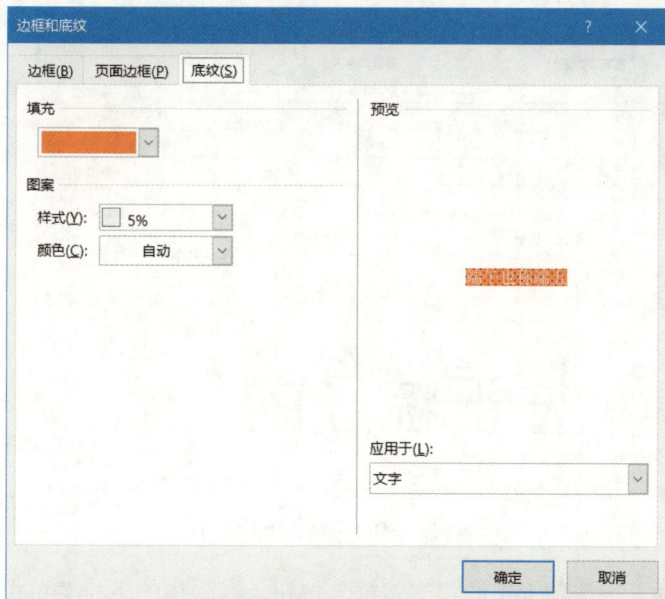

▲ 图 3-107　设置文字底纹

(5) 将"关于粽子的传说"及其下第一段文字选中，打开"段落"面板，设置其左侧缩进为"25 字符"，单击"确定"按钮。同时，将"关于粽子的传说"文字居中显示，如图 3-108 所示。

▲ 图 3-108　设置文字左缩进

(6) 将"关于粽子的传说"文字选中，单击"开始"选项卡中的"拼音指南" 按钮，在弹出的窗口中设置其对齐方式为"居中"，字体为"DotumChe"，如图 3-109 所示，单击"确定"按钮，即可为标题文字添加拼音(计算机必须已安装微软拼音输入法)。

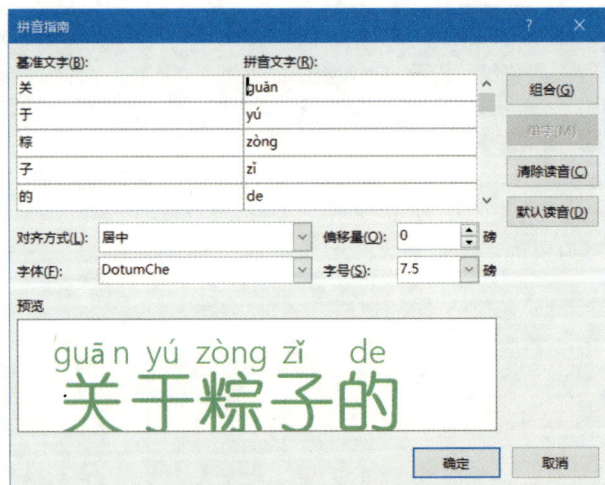

▲ 图 3-109　设置拼音文字

(7) 单击"插入"选项卡下的"文本框"按钮，在弹出的下拉菜单中选择"绘制竖排文本框"按钮，在页面左下角绘制一竖排文本框，将"粽香情深……"这段文字复制到文本框中。设置文本框中文字的字体为"华文新魏，小四"。

(8) 选中文本框，在"格式"选项卡中的"形状样式"下设置形状填充为"无填充颜色"，形状轮廓为"无轮廓"，如图 3-110 所示。

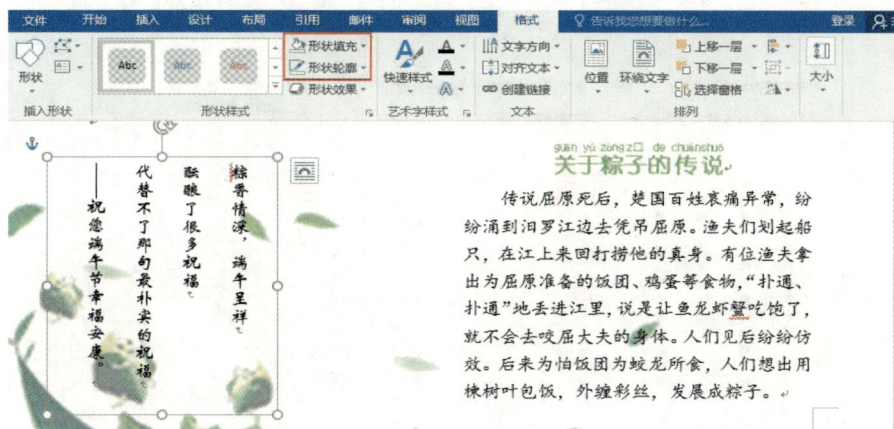

▲ 图 3-110　编辑"粽香情深"文字

(9) 单击"插入"选项卡中的"艺术字"按钮，在弹出的艺术字样式中选择"填充-黑色，文本1，轮廓-背景1，清晰阴影-着色1"，输入文字"情浓端午"，选中该艺术字，设置文字的字体为"华文隶书，初号，加粗"，在"格式"选项卡中的"文字方向"中设置其为"垂直"，调整文字的位置如图 3-111 所示。

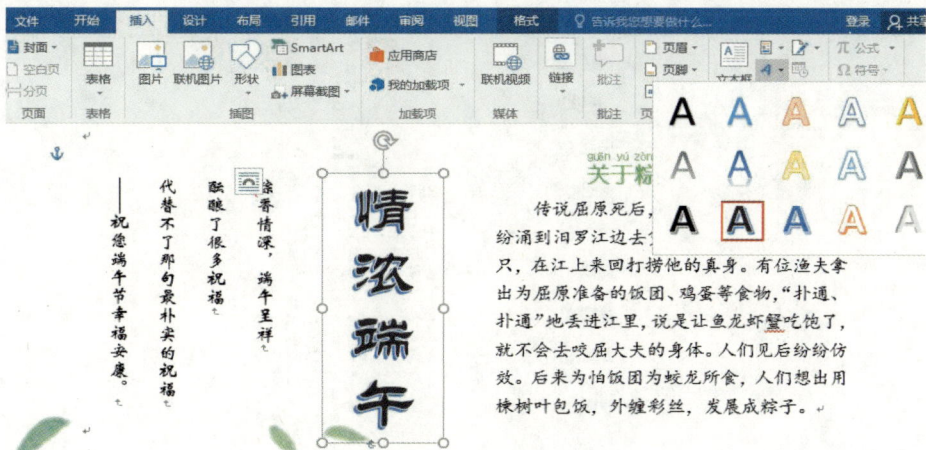

▲ 图 3-111　插入"情浓端午"艺术字

(10) 选中"情浓端午"文字，在"格式"选项卡设置艺术字的文本填充颜色为"深红"，单击艺术字样式右下角的按钮，打开"设置形状格式"对话框，设置文本填充为"渐变填充"，这里可自行调整下面渐变填充的参数至喜欢的效果即可，如

图 3-112 所示。

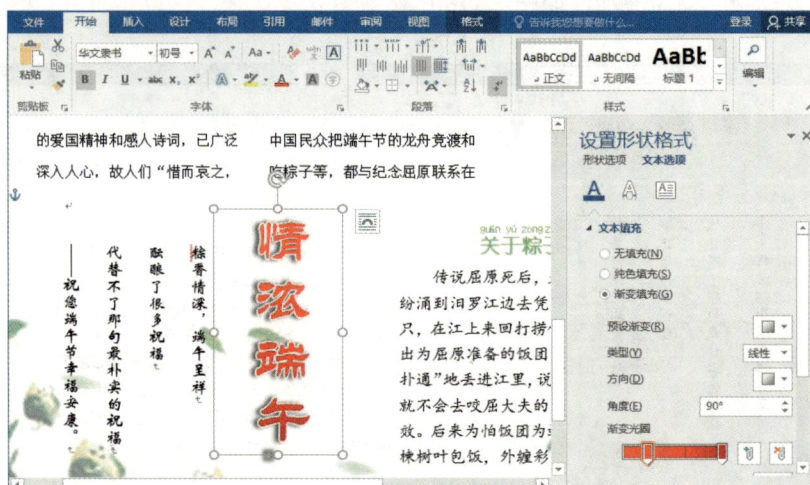

▲ 图 3-112　调整"情浓端午"艺术字样式

(11) 继续设置文字的阴影效果。设置文字的阴影颜色为"黑色",其余参数值可以自行调整,如图 3-113 所示。

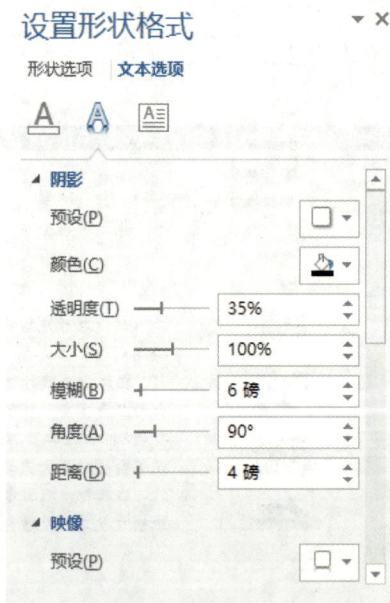

▲ 图 3-113　设置文字阴影效果

(12) 选中"浓"和"午"两个字,在"开始"选项卡中单击"字体"区右下角按钮,打开"字体"设置窗口,单击"高级"选项卡,把位置设置为"提升,30 磅",如图 3-114 所示。

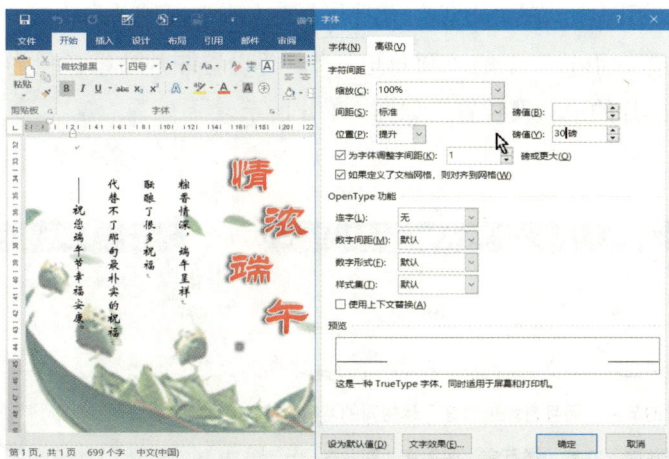

▲ 图 3-114　设置文字位置提升

任务 3　图文混排效果实现

端午节介绍文档

1. 端午节简介图片效果制作

(1) 在端午节简介正文文本后面插入回车，并将首行缩进调整为无。单击"插入"选项卡中的"图片"按钮，插入素材文件夹中的"吃粽子""饮雄黄酒""挂艾草""赛龙舟"四幅图片。

(2) 双击第一幅图片，在"格式"选项卡中"大小"区域设置其宽度为"4 厘米"，用同样的方法设置另外三幅图片的宽度也为"4 厘米"，如图 3-115 所示。

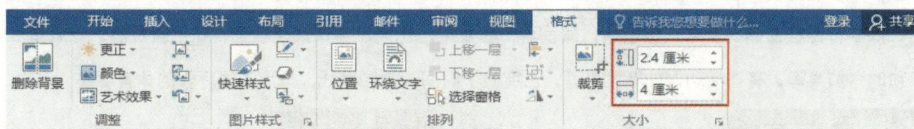

▲ 图 3-115　插入端午节简介图片

(3) 双击第一幅图片，在"格式"选项卡中"大小"区域单击"裁剪"按钮，在下拉菜单中选择"裁剪为形状"下的"圆角矩形"，并设置图片边框颜色为"浅绿"色。同理调整其他三幅图片的形状及位置，如图 3-116 所示。

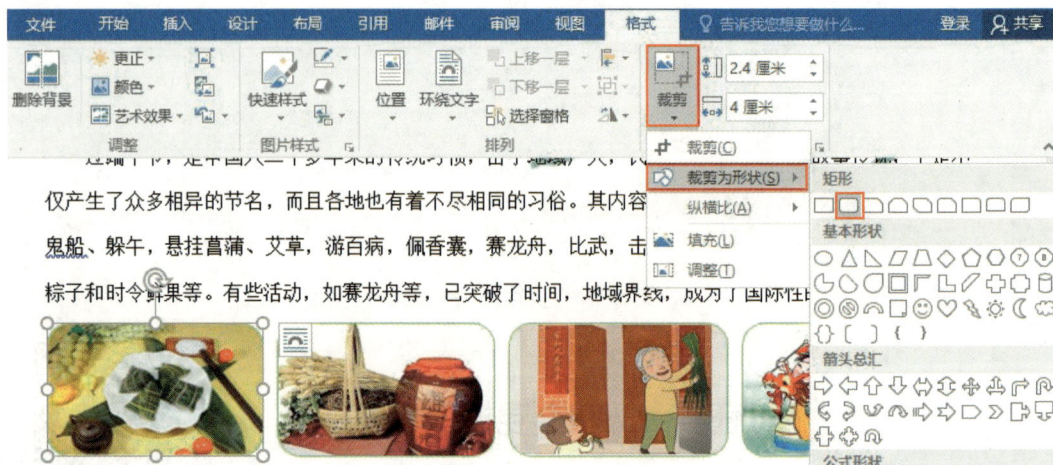

▲ 图 3-116　调整图片样式

(4) 在图片下面添加一空行，为每幅图片添加图片说明，如图 3-117 所示。

吃粽子················饮雄黄酒················挂艾草················赛龙舟

▲ 图 3-117　添加图片说明

2. "屈原"图片效果制作

(1) 单击"插入"选项卡中的"图片"按钮，在"端午节起源"的中间位置插入素材文件夹中的"屈原"图片，并调整图片的大小。在"格式"选项卡中的"自动换行"下拉菜单中设置图片的环绕方式为"紧密型环绕"，如图 3-118 所示。

▲ 图 3-118　设置图片的环绕方式

(2) 选中图片，单击"自动换行"下拉菜单中"编辑环绕顶点"按钮，图片周围会出现若干个控制点，如图 3-119 所示，可以通过调整控制点改变图片和文字的环绕方式。

▲ 图 3-119　调整图片的环绕顶点

3. 粽子图片效果制作

(1) 光标定位在文章的最后，单击"插入"选项卡中的"图片"按钮，插入素材文件夹中的"粽子"图片，选中图片，在"格式"选项卡中的"环绕文字"下拉菜单中设置图片的环绕方式为"衬于文字下方"。

(2) 选中图片，在"格式"选项卡中的"旋转对象"下拉菜单中选择"水平翻转"选项，将"粽子"图片水平翻转，然后调整图片的大小和位置，如图 3-120 所示。

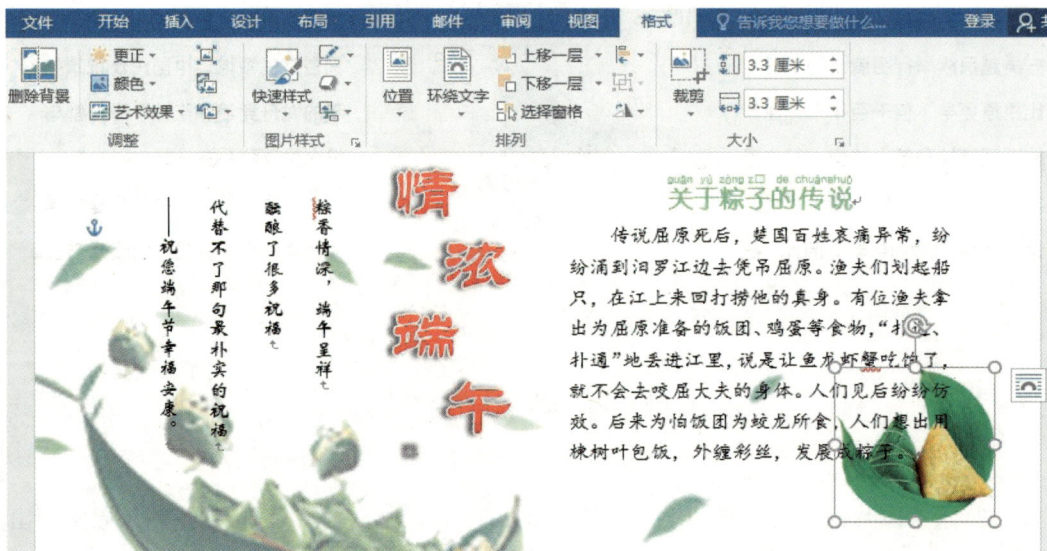

▲ 图 3-120 粽子图片位置

本 模 块 小 结

本模块通过 7 个典型项目完整地介绍了 Word 软件的综合应用，这些项目涵盖了公文、文件、表格、海报、邮件合并、长文档排版、图文混排方面的内容。本章的学习，能够帮助大家解决工作中遇到的实际问题。

课 后 习 题

一、单选题

1. 对于 Word 应用程序中的"保存"和"另存为"命令，正确的是(　　)。

A. 文档首次存盘时，只能使用"保存"命令

B. 文档首次存盘时，只能使用"另存为"命令

C. 首次存盘时，无论使用"保存"或"另存为"命令，都出现"另存为"对话框

D. 再次存盘时，无论使用"保存"或"另存为"命令，都出现"另存为"对话框

2. 在 Word 中，要将一个字符设置为上标，在选定该字符后，正确的操作是(　　)。

A. 按下 Ctrl + Shift + "="组合键　　　　B. 按下Ctrl + "="组合键

C. 按下 Ctrl + Shift + "+"组合键　　　　D. 按下Ctrl + "+"组合键

3. 下列关于 Word 中分栏的说法不正确的是(　　)。

A. 各栏的宽度可以不同　　　　　　　　B. 各栏的宽度必须相同

C. 栏数可以调整　　　　　　　　　　　D. 各栏之间的间距不是固定的

4. 在"页面设置"对话框中，可以设置(　　)。

A. 页边距　　　　　　　　　　　　　　B. 页的方向

C. 纸张大小　　　　　　　　　　　　　D. 以上都可以

5. 在 Word 的编辑状态，进行英文标点符号与中文标点符号之间切换的快捷键是(　　)。

A. Shift + .　　　　　　　　　　　　　B. Shift + Ctrl

C. Shift + 空格键　　　　　　　　　　　D. Ctrl + .

6. 选定 Word 表格中的某一行或某一列后，就能将该行或该列删除的操作是(　　)。

A. 单击剪切按钮　　　　　　　　　　　B. 按空格键

C. 按 Ctrl + Del 键　　　　　　　　　　D. 按 Del 键

7. 在 Word 的编辑状态，当前文档中有一个表格，当鼠标在表格的某一个单元格内变成箭头状时，双击鼠标左键后(　　)。

A. 鼠标所在的一个单元格被选择　　　　B. 鼠标所在的一行被选择

C. 整个表格被选择　　　　　　　　　　D. 表格内没有被选择的部分

8. 小王计划邀请 30 家客户参加答谢会，并为客户发送邀请函。快速制作 30 份邀请函的最优操作方法是(　　)。

　　A．发动同事帮忙制作邀请函，每人写几份

　　B．利用 Word 的邮件合并功能自动生成

　　C．先制作好一份邀请函，然后复印 30 份，在每份上添加客户名称

　　D．先在 Word 中制作一份邀请函，通过复制、粘贴功能生成 30 份，然后分别添加客户名称

9. 小王想利用 Word 编辑一份书稿，出版社要求目录和正文的页码分别采用不同的格式，且均从第 1 页开始，最优的操作方法是(　　)。

　　A．将目录和正文分别存在两个文档中，分别设置页码

　　B．在目录与正文之间插入分节符，在不同的节中设置不同的页码

　　C．在目录与正文之间插入分页符，在分页符前后设置不同的页码

　　D．在 Word 中不设置页码，将其转换为 PDF 格式时再增加页码

10. 小李需要在 Word 文档中将应用了"标题1"样式的所有段落格式调整为"段前、段后各 12 磅，单倍行距"，最优的操作方法是(　　)。

　　A．将每个段落逐一设置为"段前、段后各 12 磅"

　　B．将其中一个段落设置为"段前、段后各 12 磅，单倍行距"，然后利用格式刷功能将格式复制到其他段落

　　C．修改"标题 1"样式，将其段落格式设置为"段前、段后各 12 磅，单倍行距"

　　D．利用查找替换功能，将"样式：标题 1"替换为"行距：单倍行距，段落间距段前 12 磅，段后：12 磅"

二、填空题

11. 按住_____键，再单击"椭圆"按钮，拖动鼠标绘制出来的图形为圆形。

12. 若想在 Word 中设置一幅图片作为背景，文字显示在图片上方，则应将图片的环绕方式设置为_____。

13. 若想让文字尽可能包围图片，可以选择的文字环绕方式是_____。

14. 调整图片的大小可以用鼠标拖动图片四周任一控制点来实现，但只有拖动_____控制点才能使图片等比例缩放。

15. 在 Word 中，要取消前面的操作，可以使用_____按钮。

16. _____是指在邮件合并操作中，所含内容对合并文档的每个版本都相同的文

档，即邮件合并内容的固定不变的部分。

三、操作题

17. 利用邮件合并功能自动生成信封。

18. 设计制作如图 3-121 所示的网上人才招聘会个人信息表。

19. 利用给出的毕业论文文字素材及排版要求，完成毕业论文的排版。

20. 设计制作如图 3-122 所示的个人简历。

网上人才招聘会个人信息表

应聘单位及职位:＿＿＿＿＿＿＿＿＿＿＿＿＿＿＿＿

姓 名		性别		出生年月		民族		照
籍 贯		政治面貌		健康状况				
户 口 所在地		身份证号码			身高			片
学 历		何时何院校 何专业毕业						
学 位								
专业技 术职称		外语程度			计算机 应用能力			
参加工作时间		擅长何种 工作						
应聘何职位			待遇要求					
详细通信地址		邮政编码		联系电话				
个人主要简历及主要业绩								

请附上学历证明、学位证、职称证、身份证以及相关资质证书等复印件,传真或发 E-Mail 到您要应聘的单位.

单 位:　　　　　　地址:

电 话:　　　　　　邮编: 130012

▲ 图 3-121　网上人才招聘会个人信息表

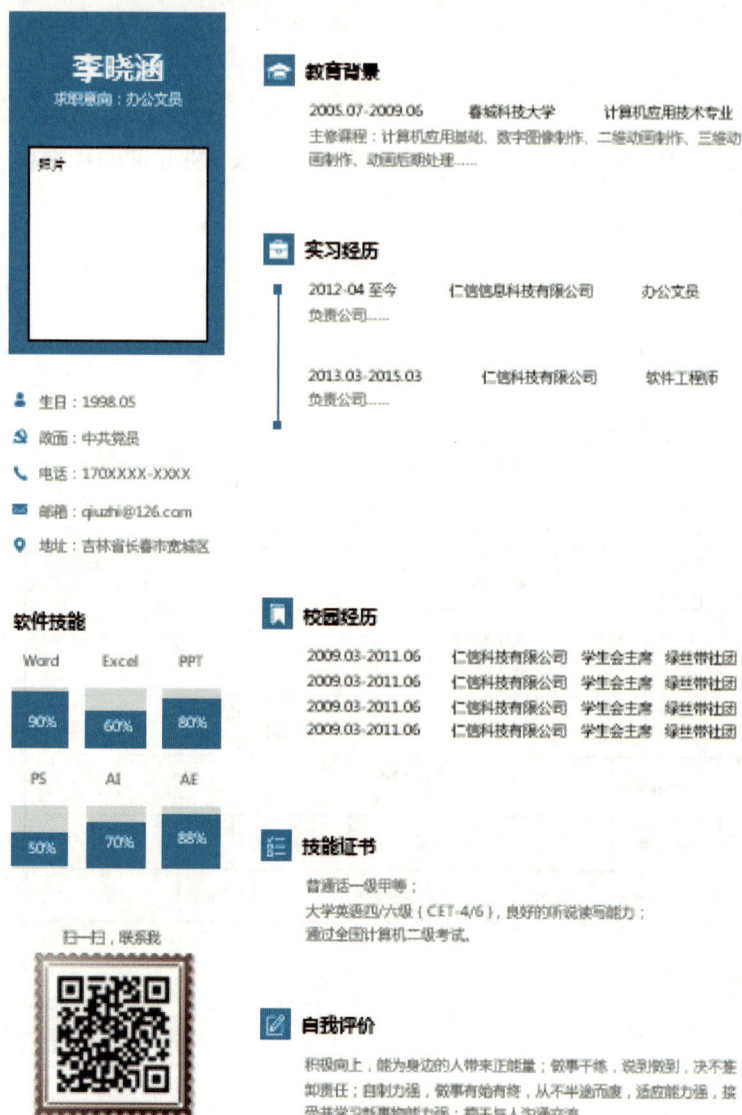

李晓涵
求职意向：办公文员

照片

🏠 **教育背景**

2005.07-2009.06　　　春城科技大学　　　计算机应用技术专业
主修课程：计算机应用基础、数字图像制作、二维动画制作、三维动画制作、动画后期处理……

💼 **实习经历**

2012-04 至今　　　仁信信息科技有限公司　　　办公文员
负责公司……

2013.03-2015.03　　　仁信科技有限公司　　　软件工程师
负责公司……

👤 生日：1998.05
🏛 政面：中共党员
📞 电话：170XXXX-XXXX
✉ 邮箱：qiuzhi@126.com
📍 地址：吉林省长春市宽城区

软件技能

Word	Excel	PPT
90%	60%	80%

PS	AI	AE
50%	70%	88%

🔲 **校园经历**

2009.03-2011.06　　仁信科技有限公司　学生会主席　绿丝带社团
2009.03-2011.06　　仁信科技有限公司　学生会主席　绿丝带社团
2009.03-2011.06　　仁信科技有限公司　学生会主席　绿丝带社团
2009.03-2011.06　　仁信科技有限公司　学生会主席　绿丝带社团

📋 **技能证书**

普通话一级甲等；
大学英语四/六级（CET-4/6），良好的听说读写能力；
通过全国计算机二级考试。

扫一扫，联系我

✏ **自我评价**

积极向上，能为身边的人带来正能量；做事干练，说到做到，决不推卸责任；自制力强，做事有始有终，从不半途而废，适应能力强，接受并学习新事物能力强；善于与人沟通交流。

▲ 图 3-122　个人简历样文

Excel 2016 电子表格处理软件

Excel 作为 Microsoft Office 办公软件的核心组件之一，有着其不可替代的地位。它可以迅速处理大量的数据并进行分析，还可以将数据以图表的形式呈现出来，为用户进一步分析数据和进行决策分析提供了依据。

本模块学习目标

- ➢ 数据录入——创建应用专业成绩表
- ➢ 数据美化——建立学生基本信息表
- ➢ 数据处理——分析课程考核成绩
- ➢ 数据统计——统计分析期末考试成绩
- ➢ 数据分析——图表分析各专业人数

项目1 数据录入——创建应用专业成绩表

项目分析

【项目描述】

每次考试后整理学生成绩都不是一件轻松的事情。通常收回的学生试卷并不可能按已有成绩表中的顺序排列，因此每次用 Excel 输入成绩前都得先把试卷按记录表中的顺序进行整理排列，之后才能顺次输入。另外，在录入过程中还会出现各种问题，利用 Excel 可以很好地解决这些问题，任务实现后的效果如图 4-1 样文所示。

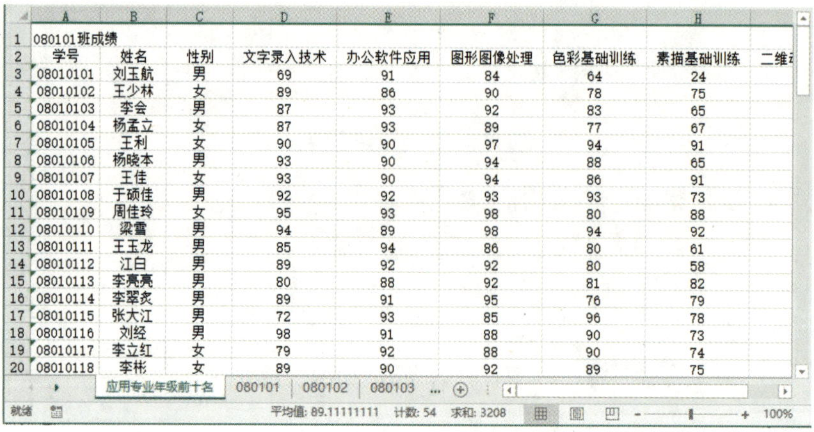

	A	B	C	D	E	F	G	H	
1	080101班成绩								
2	学号	姓名	性别	文字录入技术	办公软件应用	图形图像处理	色彩基础训练	素描基础训练	二维
3	08010101	刘玉航	男	69	91	84	64	24	
4	08010102	王少林	女	89	86	90	78	75	
5	08010103	李会	男	87	93	92	83	65	
6	08010104	杨孟立	女	87	93	89	77	67	
7	08010105	王利	女	90	90	97	94	91	
8	08010106	杨晓本	男	93	90	94	88	65	
9	08010107	王佳	女	93	90	94	86	91	
10	08010108	于硕佳	男	92	92	93	93	73	
11	08010109	周佳玲	女	95	93	98	80	88	
12	08010110	梁雪	男	94	89	98	94	92	
13	08010111	王玉龙	男	85	94	86	80	61	
14	08010112	江白	男	89	92	92	80	58	
15	08010113	李亮亮	男	80	88	92	81	82	
16	08010114	李翠炙	男	89	91	95	76	79	
17	08010115	张大江	男	72	93	85	96	78	
18	08010116	刘经	男	98	91	88	90	73	
19	08010117	李立红	女	79	92	88	90	74	
20	08010118	李彬	女	89	90	92	89	75	

▲ 图 4-1 “应用专业成绩单”样文

【项目目标】

- Excel 2016 工作界面及各组成部分的作用
- 掌握 Excel 工作簿的新建和保存等基本操作(重点)
- 掌握工作表的基本操作(重点)
- 掌握数据的录入方法和技巧(难点)

项目实现

任务1　启动/退出/新建/保存Excel文档

1. 启动 Excel 2016 并新建空白文档

(1) 单击"开始"按钮，依次选择"所有应用"/"Excel 2016"，启动 Excel 2016，打开 Excel 2016 的画面如图 4-2 所示。

(2) Excel 2016 启动完成后，弹出画面如图 4-3 所示。

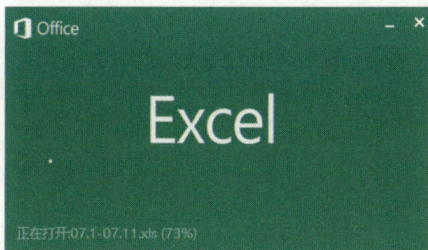

▲ 图 4-2　启动 Excel

▲ 图 4-3　Excel 启动界面

(3) 单击如图 4-3 方框区域所示的"空白工作簿"模板，自动创建一个名为"新建 Microsoft Excel 工作表"的空白工作簿。

(4) 如图 4-3 左上角线框内容所示，可以在搜索框内输入关键字在 Office.COM 上查找联机模板。

(5) 也可如图 4-3 中右上角线框所示，登录一个已有的个人账号，即可获取联机存储的文件。

2. 认识 Excel 2016 工作界面

Excel 2016 的工作界面如图 4-4 所示。

(1) 标题栏：标题栏显示正在编辑文档的文件名和正在使用的软件的名称。它还包括标准的最小化、还原和关闭按钮。

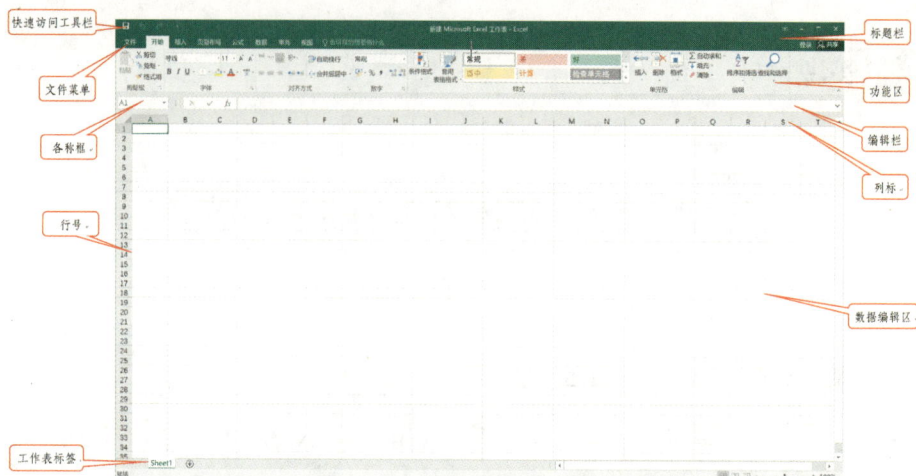

▲ 图 4-4　Excel 2016 工作界面

(2) 快速访问工具栏：快速访问工具栏是一个可自定义的工具栏，包含一组独立于当前显示的功能区上的选项卡的命令。快速访问工具栏上经常使用撤销、保存、复位等命令。

(3) 文件菜单：单击此按钮可查找文档本身而不是文档的内容，如新建、打开、保存、打印和关闭文档操作的命令。

(4) 功能区：工作所需的命令位于功能区。单击任意选项卡，以显示其按钮和命令，打开任意一个文件时，默认出现"开始"选项卡。有些选项卡只会在需要时才会显现。

(5) 名称框：名称框用于显示所选单元格的名称，当选中一个单元格后，将在名称框中显示该单元格的行号和列标。

(6) 行号：行号是一组代表编号的数字，用于快速查看与编辑行中的内容。

(7) 列标：列标是一组代表编号的字母，用于快速查看与编辑列中的内容。

(8) 编辑栏：编辑栏显示当前活动单元格或正在编辑单元格中的内容，并可用于输入或修改当前活动单元格的内容。

(9) 数据编辑区：用户的输入与编辑操作都是在数据编辑区完成的，同时也需要通过数据编辑区来查看数据。

(10) 工作表标签：工作表标签主要显示当前工作簿中工作表的名称，默认的工作表标签为"Sheet1"。单击工作表标签可以在不同工作表之间切换。

3. 命名并保存工作簿

(1) 单击"文件"选项卡，选择"保存"选项。

(2) 在打开的"另存为"对话框中单击"浏览"选择"保存位置"为 D 盘，打开如图 4-5 所示的对话框，并命名为"应用专业学生成绩 .xlsx"保存。

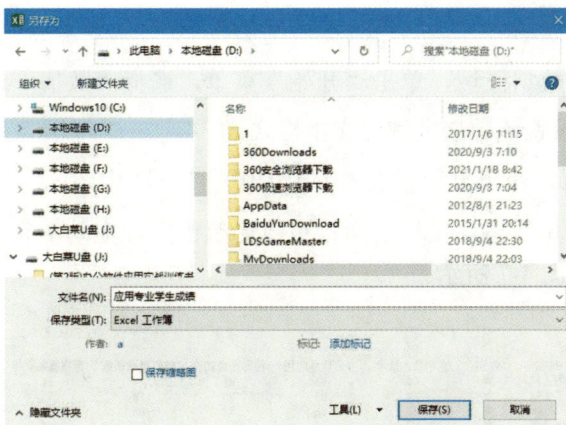

▲ 图 4-5 "另存为"对话框

(3) 单击软件右上角关闭按钮 ⊠ ，关闭并退出软件。

任务2　在工作表中录入数据

录入工作表数据

1. 输入文本与数字

(1) 打开"应用专业学生成绩.xlsx"文件，在 Sheet1 工作表中选择 A1 单元格，在其中录入"080101 "文本。

(2) 在 A2 至 I2 单元格中分别输入"学号""姓名""性别""文字录入技术""办公软件应用""图形图像处理""色彩基础训练""素描基础训练""二维动画基础"。

(3) 按图 4-6 完成其他单元格的内容录入。

▲ 图 4-6　080101 班成绩

2.快速填充数据

(1) 选择A3:A27数据区域，单击"开始"菜单，选择"数值"选项，在"常规"列表中选择"文本"，设置该数据区域为文本格式。

(2) 在A3、A4单元格中分别输入"08010101""08010102"，同时选中A3、A4单元格，鼠标指向选中的单元格，鼠标的指针更改为黑十字，拖动填充柄 ▭ 可完成序列的快速填充，结果如图4-7所示。

学号	姓名	性别	文字录入技术	办公软件应用	图形图像处理	色彩基础训练	素描基础训练	二维动画基础
08010101	刘玉航	男	69	91	84	64	24	34
08010102	王少林	女	89	86	90	78	75	82
08010103	李会	男	87	93	92	83	65	59
08010104	杨孟立	女	87	93	89	77	67	73
08010105	王利	女	90	90	97	94	91	87
08010106	杨晓本	男	93	90	94	88	65	74
08010107	王佳	女	93	90	94	86	91	95
08010108	于硕佳	男	92	92	93	93	73	75
08010109	周佳玲	女	95	93	98	80	88	94
08010110	梁雷	男	94	89	98	94	92	92
08010111	王玉龙	男	85	94	86	80	61	79
08010112	江白	男	89	92	92	80	58	85
08010113	李亮亮	男	80	88	92	81	82	90
08010114	李翠炙	男	89	91	95	76	79	88
08010115	张大江	男	72	93	85	96	78	82
08010116	刘绍	男	90	91	88	90	73	78
08010117	李立红	女	79	92	88	90	74	87
08010118	李彬	女	89	90	92	89	75	83
08010119	张大红	女	80	88	79	90	56	83
08010120	王玉凤	女	72	86	84	81	67	76
08010121	张杨	男	91	89	91	84	74	63
08010122	刘佳奇	男	82	89	86	78	76	93
08010123	陈立	男	83	89	93	83	81	87
08010124	王好	男	96	92	98	85	86	95
08010125	李长龙	男	75	91	85	86	72	80

▲ 图4-7　填充学号后的成绩单

任务3　工作表基本操作

工作表基本操作

1. 重命名工作表

双击要重命名的工作表标签 Sheet1，输入工作表的新名称"080101 班成绩"并按 Enter 键确认。

单击"新工作表"标签按钮，插入 Sheet2、Sheet3 工作表，将 Sheet2 重命名为"080102 班成绩"，Sheet3 重命名为"080103 班成绩"。

2. 复制工作表

(1) 同时打开"4-1素材"文件夹中的"080102 班成绩表.xlsx"和"应用专业学生成绩.xlsx"文件，右击"080102"工作表标签，在快捷菜单中选择"移动或复制"命令，打开"移动或复制工作表"对话框，如图4-8所示，在"将选定工作表移至工作簿"文本框中选择"应用专业学生成绩.xlsx"，在"下列选定工作表之前"文本框中选择"移至最后",选中"建立副本"复选框,单击"确定"按钮。

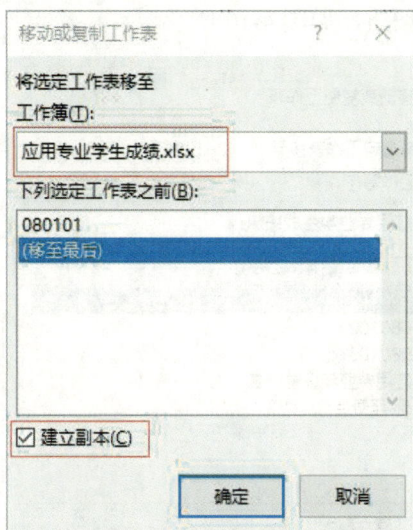

▲ 图 4-8 "移动或复制工作表"对话框

(2) 同理,将"080103 班成绩.xlsx"中的学生成绩信息复制到新建的"应用专业学生成绩.xlsx"相应的工作表中,结果如图 4-9 所示。

▲ 图 4-9 建好的"应用专业学生成绩表.xlsx"

3. 移动工作表

(1) 单击"新工作表"标签按钮,新建一张新工作表,重命名为"应用专业前十名"。

(2) 右击"应用专业前十名"工作表标签，在快捷菜单中选择"移动和复制"命令，打开"移动和复制工作表"对话框，在"下列选定工作表之前"文本框中选择"080101"，单击"确定"按钮，如图4-10所示。

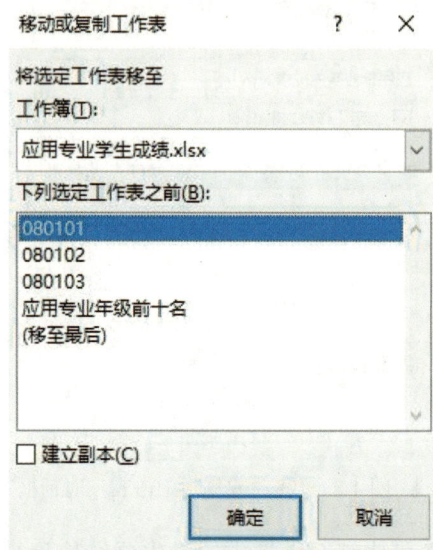

▲ 图4-10　"移动和复制工作表"对话框设置

4. 插入与删除单元格

(1) 080103 班成绩单中，E5 单元格漏输入分数 97，导致工作表数据错位，需要将它补入。

选中"080103"工作表中的 E5，选择"开始"菜单，在"单元格"选项卡中选择"插入"命令下三角按钮，在弹出的下拉列表中选择"插入单元格"命令，打开"插入"对话框，选择"活动单元格下移"单选按钮，如图4-11所示，在 E5 中输入97。

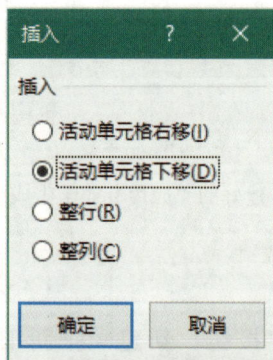

▲ 图4-11　"插入"对话框

(2) 080102 班成绩单中，姓名"李刚"被录入两次，导致工作表数据错位，删除其中1个。

选中"080102"工作表中的"B8"，选择"开始"菜单，在"单元格"选项卡中选择"删除"命令下三角按钮，在弹出的下拉列表中选择"删除单元格"命令，打开"删除"对话框，选择"下方单元格上移"单选按钮，如图4-12所示。

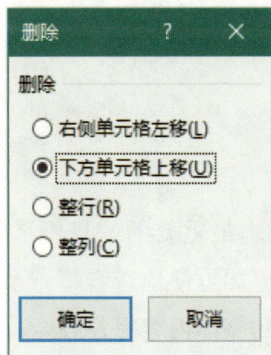

▲ 图4-12 "删除"对话框

5. 修改与清除数据

(1) 080103 班成绩漏输入一名学生"王立颖，女，88，87，90，89，85，90"，放在"王苗苗"之后。

选中第5行，单击鼠标右键，在弹出的列表中选择"插入"命令，在第3行前插入一个新行，输入遗漏的学生成绩。

(2) 080103 班成绩"张玲，女，26，85，42，80，62，60"，由于该生已办理转学手续，要将这行数据删除。

选中第15行，单击鼠标右键，在弹出的列表中选择"删除"命令，删除"张玲"这一行的成绩。

6. 复制工作表数据

(1) 在"080101"工作表中，单击"全选"按钮，在右键快捷菜单中选择"复制"命令，在"应用专业年级前十"工作表中，单击A1单元格，在右键快捷菜单中选择"粘贴"命令即可。

(2) 同理，分别将"080102""080103"成绩(除标题行)依次复制到"应用专业年级前十"工作表中。

7. 保存工作表数据

完成上述操作后，保存"应用专业年级前十.xlsx"工作表。

项目2　数据美化——建立学生基本信息表

项目分析

【项目描述】

学生信息是一个学生的最基本最重要的信息，是入学时学校老师们最应该知道的一些信息，根据这些老师就可以更加方便地查看每一个学生的信息，工作起来也会很方便。在制作学生信息时，必须做到整体内容完整齐全、个体材料客观真实，对建立好的信息表要进行修饰。任务实现后的效果如图 4-13 所示。

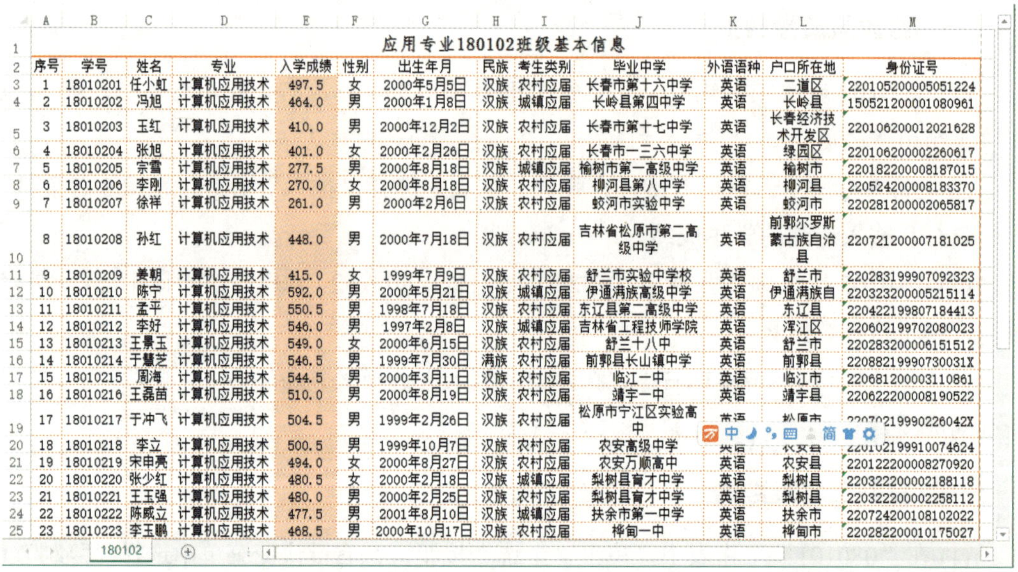

应用专业180102班级基本信息

序号	学号	姓名	专业	入学成绩	性别	出生年月	民族	考生类别	毕业中学	外语语种	户口所在地	身份证号
1	18010201	任小虹	计算机应用技术	497.5	女	2000年5月5日	汉族	农村应届	长春市第十六中学	英语	二道区	220105200005051224
2	18010202	冯旭	计算机应用技术	464.0	男	2000年1月8日	汉族	城镇应届	长岭县第四中学	英语	长岭县	150521200001080961
3	18010203	玉红	计算机应用技术	410.0	男	2000年12月2日	汉族	农村应届	长春市第十七中学	英语	长春经济技术开发区	220106200012021628
4	18010204	张旭	计算机应用技术	401.0	女	2000年2月26日	汉族	农村应届	长春市一三六中学	英语	绿园区	220106200002260617
5	18010205	宗雪	计算机应用技术	277.5	男	2000年8月18日	汉族	城镇应届	榆树市第一高级中学	英语	榆树市	220182200008187015
6	18010206	李刚	计算机应用技术	270.0	女	2000年8月18日	汉族	农村应届	柳河县第八中学	英语	柳河县	220524200008183370
7	18010207	徐祥	计算机应用技术	261.0	男	2000年2月6日	汉族	农村应届	蛟河市实验中学	英语	蛟河市	220281200002065817
8	18010208	孙红	计算机应用技术	448.0	男	2000年7月18日	汉族	农村应届	吉林省松原市第二高级中学	英语	前郭尔罗斯蒙古族自治县	220721200007181025
9	18010209	姜朝	计算机应用技术	415.0	女	1999年7月9日	汉族	农村应届	舒兰市实验中学校	英语	舒兰市	220283199907092323
10	18010210	陈宁	计算机应用技术	592.0	男	2000年5月21日	汉族	城镇应届	伊通满族高级中学	英语	伊通满族自	220323200005215114
11	18010211	孟平	计算机应用技术	550.5	男	1998年7月18日	汉族	农村应届	东辽县第二高级中学	英语	东辽县	220422199807184413
12	18010212	李好	计算机应用技术	546.0	男	1997年2月8日	汉族	城镇应届	吉林省工程技师学院	英语	浑江区	220602199702080023
13	18010213	王景玉	计算机应用技术	549.0	女	2000年6月15日	汉族	农村应届	舒兰十八中	英语	舒兰市	220283200006151512
14	18010214	于慧芝	计算机应用技术	546.5	男	1999年7月30日	满族	农村应届	前郭县长山镇中学	英语	前郭县	22088219990730031X
15	18010215	周海	计算机应用技术	544.5	男	2000年3月11日	汉族	农村应届	临江一中	英语	临江市	220681200003110861
16	18010216	王磊苗	计算机应用技术	510.0	男	2000年8月19日	汉族	农村应届	靖宇一中	英语	靖宇县	220622200008190522
17	18010217	于冲飞	计算机应用技术	504.5	男	1999年2月26日	汉族	农村应届	松原市宁江区实验高中	英语	松原市	22070219990226042X
18	18010218	李立	计算机应用技术	500.5	男	1999年10月7日	汉族	农村应届	农安高级中学	英语	农安县	220102199910074624
19	18010219	宋申亮	计算机应用技术	494.0	女	2000年8月27日	汉族	农村应届	农安万顺高中	英语	农安县	220122200008270920
20	18010220	张少红	计算机应用技术	480.5	女	2000年2月18日	汉族	城镇应届	梨树县育才中学	英语	梨树县	220322200002188118
21	18010221	王玉强	计算机应用技术	480.0	男	2000年2月25日	汉族	农村应届	梨树县育才中学	英语	梨树县	220322200002258112
22	18010222	陈威立	计算机应用技术	477.5	男	2001年8月10日	汉族	城镇应届	扶余市第一中学	英语	扶余市	220724200108102022
23	18010223	李玉鹏	计算机应用技术	468.5	男	2000年10月17日	汉族	农村应届	桦甸一中	英语	桦甸市	220282200010175027

180102

▲ 图 4-13　“学生信息表”样表

【项目目标】

- 掌握设置单元格格式、边框和底纹的方法(重点)
- 掌握行高和列宽的操作(重点)
- 掌握编辑和美化表格数据的方法(难点)

项目实现

任务1 录入基本信息

打开"学生基本信息表素材.xlsx"文件，在"080102"工作表中，按图4-14所示样表完成序号为1到10的学生基本信息的录入。

▲ 图4-14 "学生基本信息"样表

任务2 格式化工作表

格式化工作表

1. 设置单元格格式

(1) 选择 E3:E45 单元格数据区域，单击"开始"菜单，单击"单元格"选项卡中的"格式"按钮，在打开的下拉菜单中选择"设置单元格格式"命令，如图4-15所示。

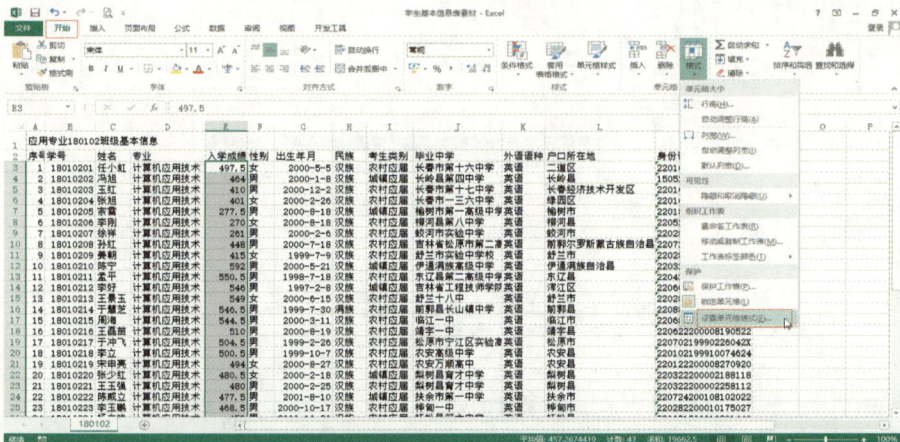

▲ 图4-15 选择"设置单元格格式"命令

(2) 打开"设置单元格格式"对话框，在"数字"选项卡的"分类"列表框选择"数值"选项，在"小数位数"文本框中输入 1，单击"确定"按钮，如图 4-16 所示，返回工作表中可以看到所选区域的数据变成了 1 位小数。

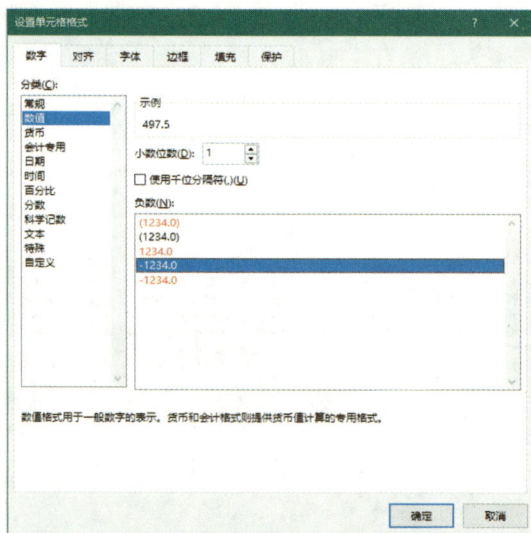

▲ 图 4-16 "设置单元格格式"对话框

(3) 同理，选择 G3:G45 单元格数据区域，单击"开始"菜单，单击"单元格"选项卡中的"格式"按钮，在打开的下拉菜单中选择"设置单元格格式"命令，在打开"设置单元格格式"对话框中，按图 4-17 所示进行设置，返回工作表中可以看到所选区域的数据变成了日期格式。

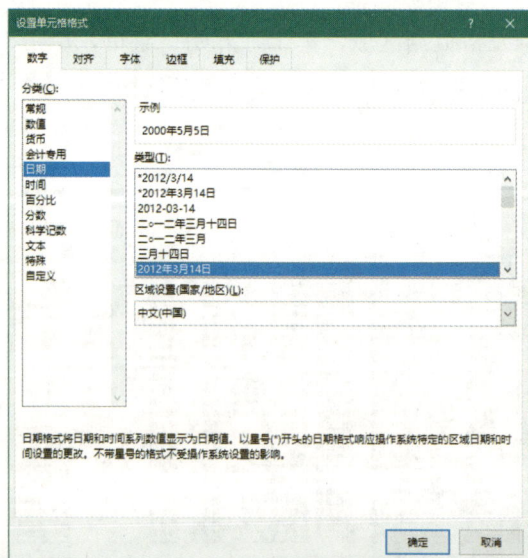

▲ 图 4-17 设置日期格式

(4) 选择 A2:M45 单元格数据区域，单击"开始"菜单，单击"数字"选项卡，打开"设置单元格格式"对话框，选择"对齐"选项卡，按图 4-18 所示进行设置，所选数据区域的内容均水平、垂直居中，并自动换行。

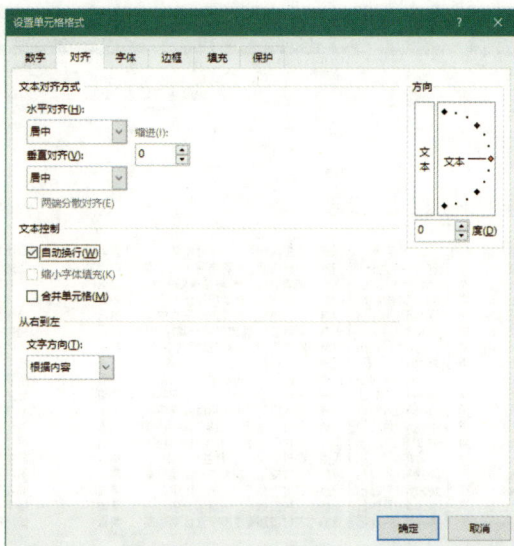

▲ 图 4-18　设置对齐方式

2. 设置行高和列宽

(1) 选择 G 列，单击"开始"菜单，单击"单元格"选项卡中的"格式"按钮，在打开的下拉菜单中选择"自动调整列宽"命令，如图 4-19 所示，返回工作表中可以看到 G 列变宽且其中日期完整显示出来。

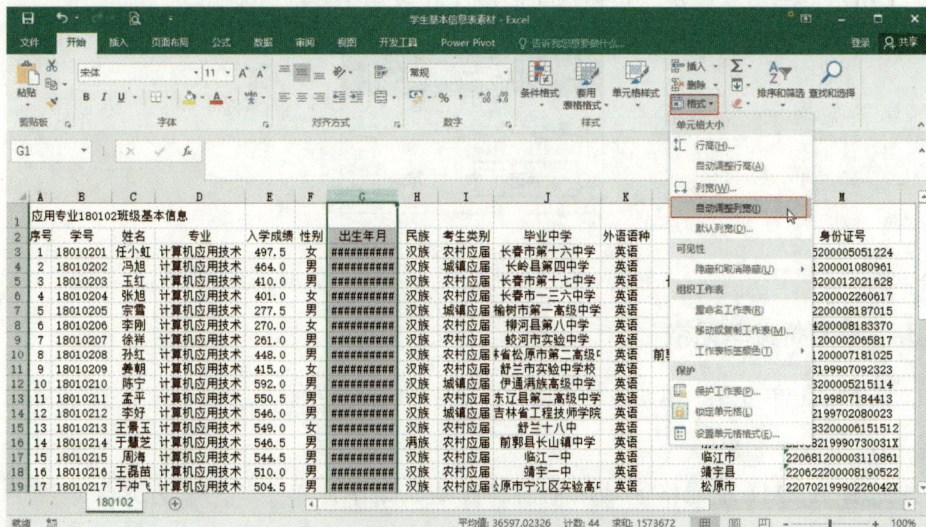

▲ 图 4-19　选择"自动调整列宽"命令

(2) 将鼠标光标移动到 M 和 N 列列标间的间隔线上，且鼠标光标变为 ✛ 形状，按住鼠标左键不放向右拖动，此时鼠标光标右侧将显示具体数据，待拖动至合适的距离后释放鼠标，如图 4-20 所示。

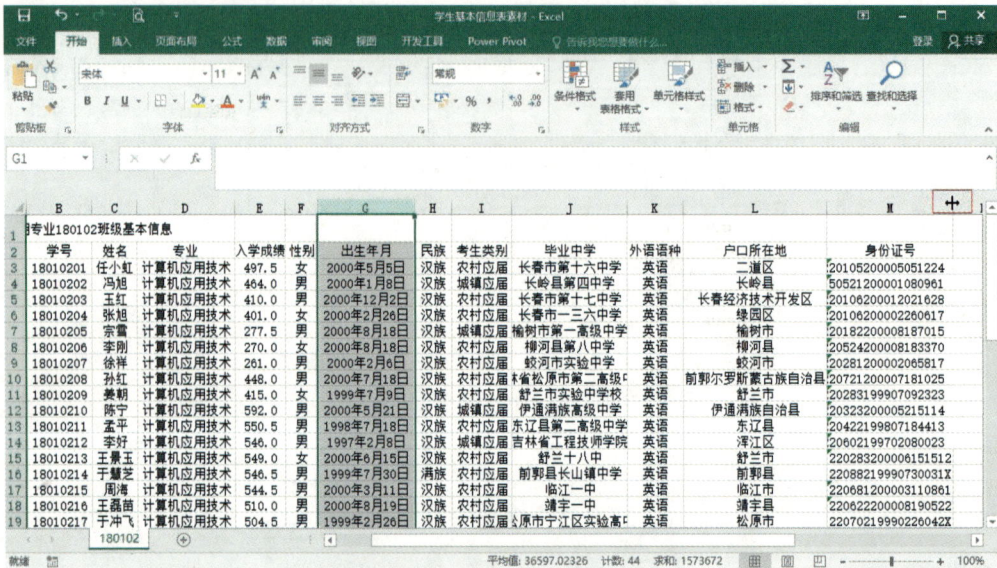

▲ 图 4-20　使用鼠标拖动调整列宽

(3) 同理，适当调整 A 列列宽。

(4) 选择第 1～45 行，单击"开始"菜单，单击"单元格"选项卡中的"格式"按钮，在打开的下拉菜单中选择"行高"命令。

(5) 在打开的"行高"对话框的数值中默认显示为"13.5"，这里输入数字"14"，如图 4-21 所示，单击"确定"按钮后可看到工作表第 1～45 行变高了。

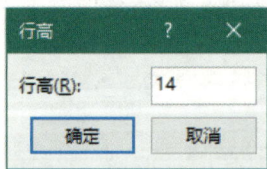

▲ 图 4-21　"行高"对话框

3. 合并与拆分单元格

(1) 选择 A1 单元格，单击"开始"菜单，单击"字体"选项卡，设置字体格式为"字号 14，仿宋，加粗"。

(2) 选择 A1:M1 单元格区域，单击"开始"菜单，单击"对齐方式"选项卡中的"合并后居中"按钮，返回工作表中可以看到所选单元格区域合并为一个单元格，且其中的文字自动居中显示，如图 4-22 所示。

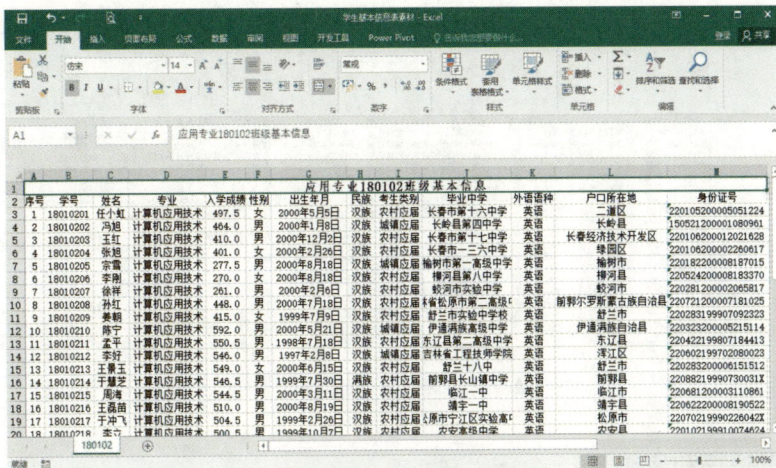

▲ 图 4-22　合并单元格

(3) 当合并单元格不满足要求时，可拆分合并后的单元格。选择 A1 单元格，再次单击"合并后居中"按钮，拆分已合并的单元格。

(4) 重新选择 A1:M1 单元格区域，单击"开始"菜单，单击"数字"选项卡，打开"设置单元格格式"对话框，选择"对齐"选项卡，在"水平对齐"文本框中选择"跨列居中"，如图 4-23 所示，所选的单元格区域未合成一个单元格，但文本内容是跨列居中的，如图 4-24 所示。

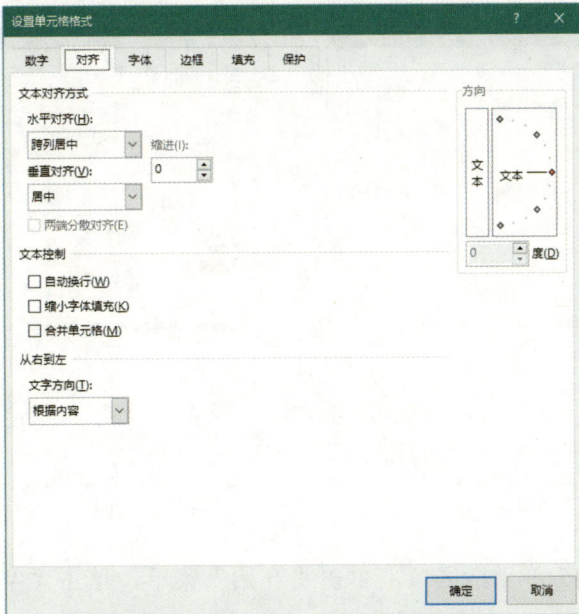

▲ 图 4-23　设置"跨列居中"对话框

▲ 图 4-24　跨列居中结果

4. 设置边框和底纹

(1) 选择 A2:M45 单元格区域，单击"开始"菜单，单击"字体"选项组中下框线右侧下三角按钮，在打开的下拉菜单中选择"其他边框"命令。

(2) 在打开的"设置单元格格式"对话框的"边框"选项卡的"样式"列表框中选择第二列第五个线条样式，在"颜色"列表框中选择"橙色，个性色，深色 25%"选项，在"预置"栏中单击"外边框"按钮，如图 4-25 所示。

(3) 继续在"样式"列表框中选择第一列第二个线条样式，在"预置"栏中单击"内部"按钮，单击"确定"按钮，如图 4-26 所示。

▲ 图 4-25　设置外边框

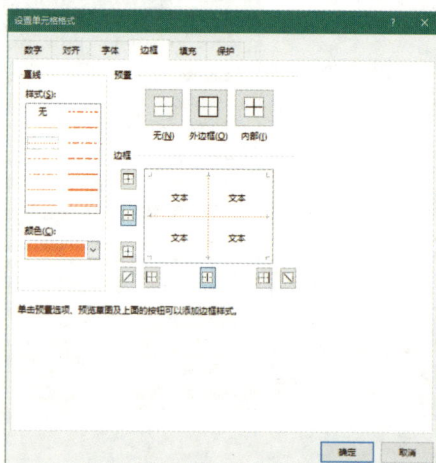

▲ 图 4-26　设置内部边框

(4) 选择 E3:E45 单元格区域，单击"开始"菜单，单击"字体"选项组中"填充颜色"右侧三角按钮，在打开的下拉列表中选择"橙色，个性色，淡色 60%"，如图 4-27 所示。

▲ 图 4-27　设置单元格区域底纹

任务 3　预览打印工作表

打印工作表

1. 设置页面布局

(1) 单击"页面布局"菜单，在"页面设置"选项卡中，设置纸张方向为"横向"，纸张大小为"A4"。

(2) 单击"页面布局"菜单，在"页面设置"选项卡中选择"页边距"按钮，在打开的下拉列表中选择"自定义页边距"命令。

(3) 在打开的"页面设置-页边距"对话框中，设置上下边距均是 1 厘米，左右边距均是 1.5 厘米，居中方式选中"水平"复选框，如图 4-28 所示。

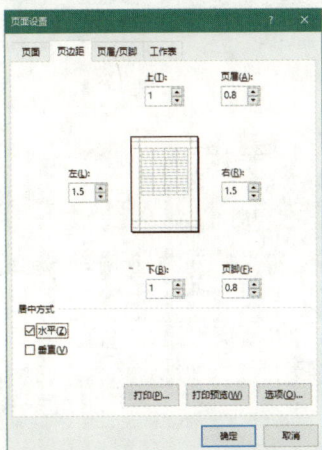

▲ 图 4-28　"页面设置-页边距"对话框

(4) 返回工作表中，适当调整工作表的行、列，使工作表占2页纸张，效果美观。

2. 打印整个工作表

单击"文件"选项卡，选择"打印"选项，在窗口右侧预览工作表的打印效果，在窗口中间的"打印"栏的"份数"数值框中可以设置打印张数，在"页数"数值框设置1至3，如图4-29所示，效果满意后单击"打印"按钮即可。

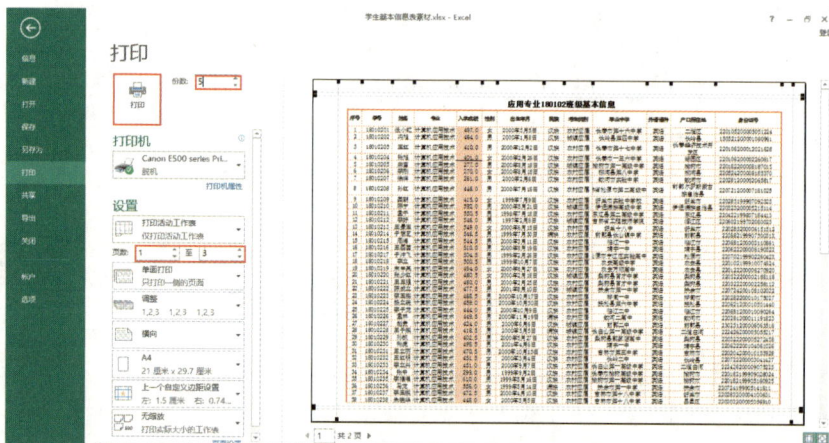

▲ 图 4-29 打印工作表数据

3. 打印区域数据

(1) 选择需要打印的数据区域 A1:M10，单击"页面布局"菜单，在"页面设置"选项卡中选择"打印区域"按钮，在打开的下拉菜单中选择"设置打印区域"命令，如图 4-30 所示，所选区域四周将出现虚线框，表示该区域将被打印。

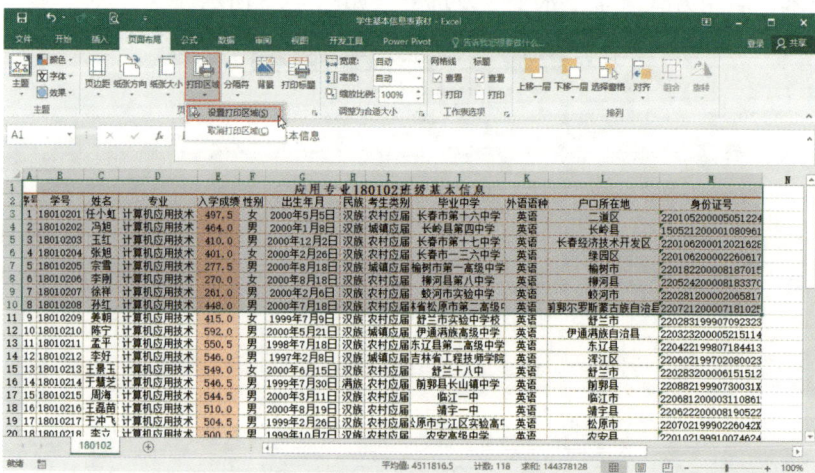

▲ 图 4-30 设置打印区域数据

（2）单击"文件"选项卡，选择"打印"选项，单击"打印"按钮即可，如图 4-31 所示。

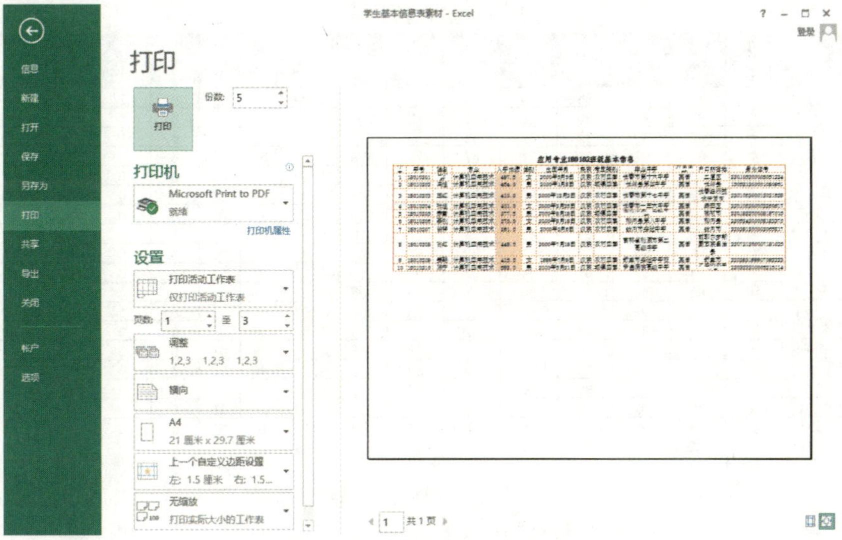

▲ 图 4-31　打印需要打印的数据区域

> 注：若对设置的打印区域不满意，可单击"页面布局"菜单，选择"页面设置"选项卡，再次单击"打印区域"按钮，在打开的下拉菜单中选择"取消打印区域"命令，取消已设置的打印区域。

项目3　数据处理——分析课程考核成绩

项目分析

【项目描述】

通过项目1已完成了应用专业成绩的录入工作，并将各班成绩合并到"应用专业年级前 10 名"工作表中，然后需要通过公式和函数计算出每个学生的总分、平均分、名次、不及格科次等信息，任务实现后的效果如图 4-32 所示。

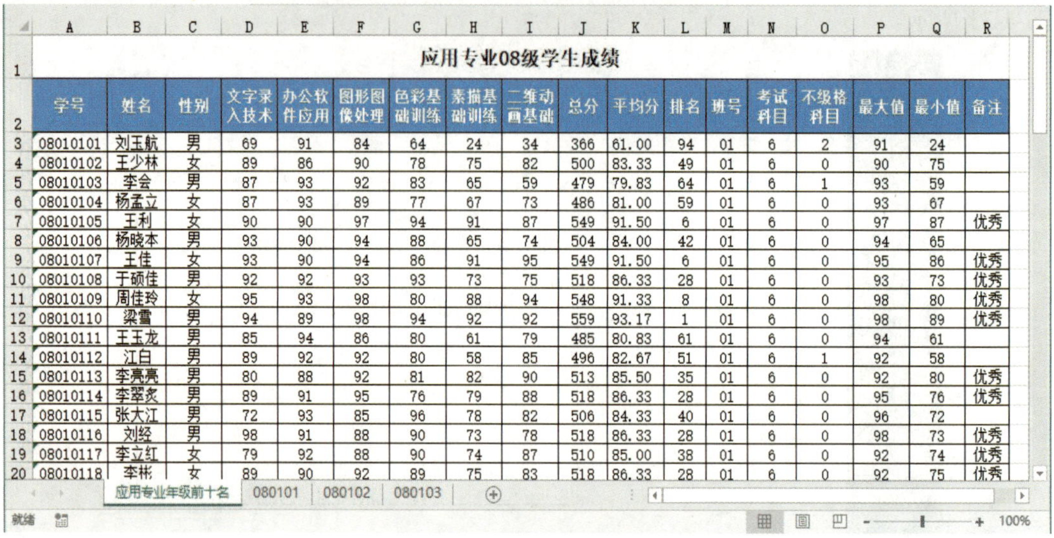

应用专业08级学生成绩

学号	姓名	性别	文字录入技术	办公软件应用	图形图像处理	色彩基础训练	素描基础训练	二维动画基础	总分	平均分	排名	班号	考试科目	不级格科目	最大值	最小值	备注
08010101	刘玉航	男	69	91	84	64	24	34	366	61.00	94	01	6	2	91	24	
08010102	王少林	女	89	86	90	78	75	82	500	83.33	49	01	6	0	90	75	
08010103	李会	男	87	93	92	83	65	59	479	79.83	64	01	6	1	93	59	
08010104	杨孟立	女	87	93	89	77	67	73	486	81.00	59	01	6	0	93	67	
08010105	王利	女	90	90	97	94	91	87	549	91.50	6	01	6	0	97	87	优秀
08010106	杨晓本	男	93	90	94	88	65	74	504	84.00	42	01	6	0	94	65	
08010107	王佳	女	93	90	94	86	91	95	549	91.50	6	01	6	0	95	86	优秀
08010108	于硕佳	男	92	92	93	93	73	75	518	86.33	28	01	6	0	93	73	优秀
08010109	周佳玲	女	95	93	98	80	88	94	548	91.33	8	01	6	0	98	80	优秀
08010110	梁雪	男	94	89	98	94	92	92	559	93.17	1	01	6	0	98	89	优秀
08010111	王玉龙	男	85	94	86	80	61	79	485	80.83	61	01	6	0	94	61	
08010112	江白	男	89	92	92	80	58	85	496	82.67	51	01	6	1	92	58	
08010113	李亮亮	男	80	88	92	81	82	90	513	85.50	35	01	6	0	92	80	优秀
08010114	李翠炙	男	89	91	95	76	79	88	518	86.33	28	01	6	0	95	76	优秀
08010115	张大江	男	72	93	85	96	78	82	506	84.33	40	01	6	0	96	72	
08010116	刘经	男	98	91	88	90	73	78	518	86.33	28	01	6	0	98	73	优秀
08010117	李立红	女	79	92	88	90	74	87	510	85.00	38	01	6	0	92	74	优秀
08010118	李彬	女	89	90	92	89	75	83	518	86.33	28	01	6	0	92	75	优秀

▲ 图 4-32 应用专业成绩分析

【项目目标】

- 掌握公式和函数组成及使用方法
- 掌握单元格引用和只保留公式计算结果的操作方法(重点)
- 掌握绝对引用和相对引用(难点)
- 能够使用公式和函数计算表格数据(重点)

项目实现

任务1 公式应用

1. 输入公式

打开素材文件 4-3 中的“应用专业学生成绩素材.xlsx”，选择 J3 单元格，在编辑栏中输入“=D3+E3+F3+G3+H3+I3”，如图 4-33 所示，按“Enter”键确认。

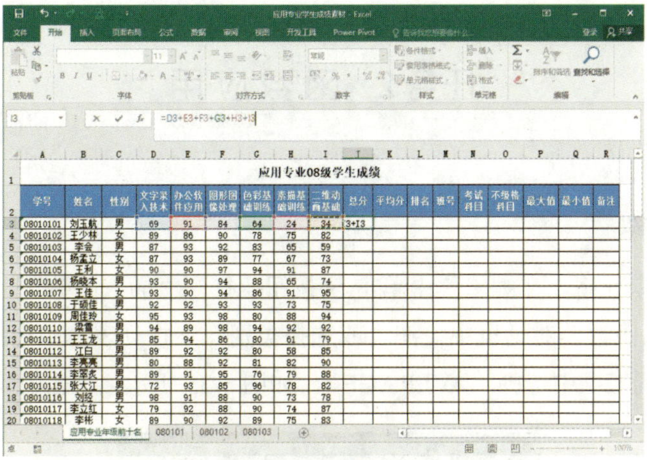

▲ 图 4-33　输入公式

2. 复制公式

(1) 选择 J3 单元格，将鼠标光标移动到该单元格右下角的控制柄上，当鼠标光标变成"十"形状时，按住鼠标左键不放，将其拖动到 J45 单元格。

(2) 释放鼠标，在 J3:J45 单元格区域中将显示计算结果，如图 4-34 所示。

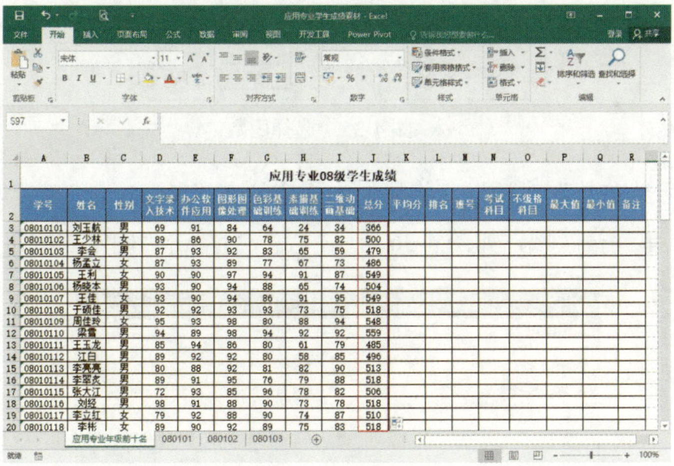

▲ 图 4-34　复制公式

> 注：单元格引用有相对引用、绝对引用和混合引用。相对引用是指公式或函数中所引用的单元格地址会随着结果单元格的改变而改变；绝对引用是指公式或函数中所引用的单元格地址不会随着结果单元格的改变而改变；混合引用是相对地址与绝对地址的混合使用。

任务2 函数应用

1. 输入函数

(1) 选择 K3 单元格，在编辑栏中单击 fx 按钮，打开"插入函数"对话框。

(2) 在"插入函数"对话框中，在"或选择类别"下拉列表框中选择"常用函数"，在"选择函数"列表框中选择"AVERAGE"，如图 4-35 所示，单击"确定"按钮。

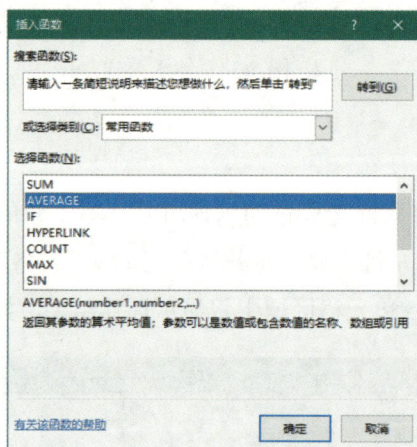

▲ 图 4-35 选择函数

(3) 打开"函数参数"对话框，将鼠标光标定位在"Number1"参数框中，在工作表中选择"D3:I3"单元格区域，如图 4-36 所示，完成后单击"确定"按钮。

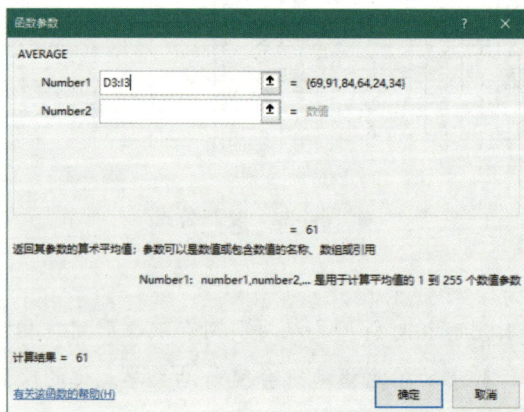

▲ 图 4-36 设置函数参数

(4) 返回工作表中可看到 K3 单元格中自动计算该函数的值。

2. 复制函数

(1) 选择 K3 单元格，将鼠标光标移动到该单元格右下角的控制柄上，当鼠标光标变成"十"形状时，按住鼠标左键不放，将其拖动到 K45 单元格。

(2) 释放鼠标，在 K3:K45 单元格区域中将显示计算结果，如图 4-37 所示。

▲ 图 4-37　复制函数

(3) 设置 K3:K45 单元格区域数值格式为 2 位小数。

任务 3　常用函数应用

1. 求学生总分排名

(1) 选择 L3 单元格，在编辑栏中单击 f_x 按钮，打开"插入函数"对话框。

(2) 在"插入函数"对话框中，在"或选择类别"下拉列表框中选择"全部"，在"选择函数"列表框中选择"RANK"，如图 4-38 所示，单击"确定"按钮。

▲ 图 4-38　选择函数

(3) 打开"函数参数"对话框，将鼠标光标定位在"Number"参数框中，从工作表中选择"J3"单元格，再将鼠标光标定位在"Ref"参数框中，从工作表中选择"J3:J96"单元格，按F4转换成绝对引用"$J$3:$J$96"，如图 4-39 所示。完成后单击"确定"按钮。

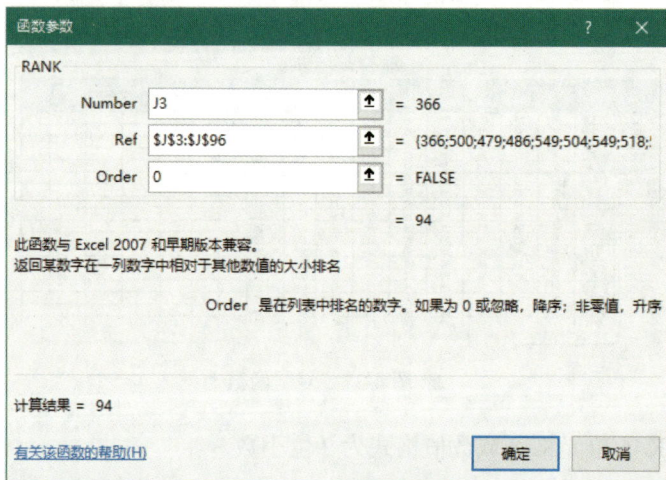

函数参数	? ×
RANK	

Number J3 = 366

Ref $J$3:$J$96 = {366;500;479;486;549;504;549;518;

Order 0 = FALSE

= 94

此函数与 Excel 2007 和早期版本兼容。
返回某数字在一列数字中相对于其他数值的大小排名

Order 是在列表中排名的数字。如果为 0 或忽略，降序；非零值，升序

计算结果 = 94

有关该函数的帮助(H)   确定   取消

▲ 图 4-39 设置函数参数

(4) 返回工作表中可看到 L3 单元格中自动计算该函数的值。

(5) 拖曳该 L3 单元格右下角的控制柄至 L45 单元格释放鼠标左键，利用控制柄完成公式的复制，计算出 L4:L45 单元格的名次。

2. 提取学生班级号码

在 M3 单元格中输入"=MID(A3,5,2)"，确认后拖曳该单元格右下角的填充柄至 M96 单元格释放鼠标左键，利用控制柄完成公式的复制，计算出 M4:M96 单元格的班级号码。

3. 求学生考试科目

在 N3 单元格中输入"=COUNTA(D3:I3)"，确认后拖曳该单元格右下角的填充柄至 N96 单元格释放鼠标左键，利用控制柄完成公式的复制，计算出 N4:N96 单元格的考试科目。

4. 求学生不及格科目

在 O3 单元格中输入"=COUNTIF(D3:I3,"<60")"，确认后拖曳该单元格右下角的填充柄至 O96 单元格释放鼠标左键，利用控制柄完成公式的复制，计算出 O4:O96 单元格的不及格科目。

5. 求该生各科成绩的最大值

在 P3 单元格中输入"=MAX(D3:I3)"，确认后拖曳该单元格右下角的填充柄至 P96 单元格释放鼠标左键，利用控制柄完成公式的复制，计算出 P4:P96 单元格的最大值。

6. 求该生各科成绩的最小值

在 Q3 单元格中输入"=MIN(D3:I3)"，确认后拖曳该单元格右下角的填充柄至 Q86的 单元格释放鼠标左键，利用控制柄完成公式的复制，计算出 Q4:Q96 单元格的最小值。

7. 在备注栏填写相应信息

如果平均成绩大于等于 85，在备注栏中输入优秀。方法如下：在 R3 单元格中输入 "=IF(K3>=85,"优秀","")"，确认后拖曳该单元格右下角的填充柄至 R45 单元格释放鼠标左键，利用控制柄完成公式的复制，R4:R96 单元格中符合条件者即显示"优秀"。

项目4　数据统计——统计分析期末考试成绩

项目分析

【项目描述】

期末考试结束后，通过对期末考试成绩进行统计、分析，了解班级的情况，可以从中发现问题和不足，作为制订下学期学习目标和计划的依据，从而在新的学期更上一层楼。任务实现后的效果如图 4-40 样文所示。

	学号	姓名	性别	班级	大学英语	体育与健康	毛概	职业指导与创业教育	色彩基础训练	构成基础	数字影像技术	数字平面制作技术（PS）	数字平面制作技术（CDR/AI）	数字平面制作技术单项技能训练	总分	平均分
3	17010102	宋林涛	男	17.1	73	68	85	90	71	77	71	71	85	78	769	77
5	17010104	刘昕宇	女	17.1	71	69	92	87	81	73	81	73	67	67	761	76
6	17010105	袁宏亮	男	17.1	80	79	73	90	76	80	72	60	47	62	719	72
9	17010108	张湛红	女	17.1	60	63	90	85	86	76	80	79	83	77	779	78
12	17010111	潘振冬	男	17.1	69	73	84	86	82	73	78	64	83	82	774	77
13	17010112	赵月	女	17.1	45	69	85	81	63	60	68	46	62	63	639	64
19	17010119	路佳康	男	17.1	60	83	87	81	78	78	85	67	67	71	766	77
20	17010120	刘英英	女	17.1	60	68	88	66	77	88	73	67	67	69	757	76
23	17010123	崔豪楷	男	17.1	83	75	86	80	76	80	71	48	64	73	759	73
24	17010124	崔欣宇	女	17.1	38	68	90	71	79	70	85	75	81	76	759	76
25	17010125	李嘉琪	男	17.1	68	64	90	86	92	71	71	82	73	77	774	77

排序　筛选　分类汇总　合并计算1　合并计算2

▲ 图 4-40　"数据分析结果"样文

【项目目标】

- 掌握排序、筛选的操作方法
- 掌握分类汇总、合并计算的操作方法(重点)
- 能够根据实际需要管理表格数据(难点)

项目实现

任务1 排 序

排 序

1. 将表中"构成基础"由高到低排序(单列数据排序)

(1) 打开4-4素材文件夹中"期末考试成绩.xlsx",表格内容如图4-41所示。

	B	C	D	E	F	G	H	I	J	K	L	M	N	O
1	姓名	性别	班级	大学英语	体育与健康Ⅱ	毛概	职业指导与创业教育	色彩基础训练	构成基础	数字影像技术	数字平面制作技术（PS）	数字平面制作技术（CDR/AI）	数字平面制作技术单项技能训练	总分
2	唐泰然	男	17.1	87	72	91	89	85	85	85	94	95	93	876
3	宋林涛	男	17.1	73	68	85	90	71	77	71	71	85	78	769
4	路祺琪	女	17.1	60	78	46	83	75	58	72	47	56	32	607
5	刘昕宇	女	17.1	71	69	92	87	81	73	81	73	67	67	761
6	袁宏亮	男	17.1	80	79	73	90	76	72	60	60	47	62	719
7	夷青洋	男	17.1	60	65	86	89	97	93	76	67	67	76	776
8	张鹏程	男	17.1	68	79	83	76	56	85	78	54	61	63	703
9	张湛红	女	17.1	60	63	90	85	86	76	80	79	83	77	779
10	张凯玉	女	17.1	62	92	96	94	87	91	81	92	91	96	882
11	柯艺	女	17.1	94	78	85	94	88	93	83	95	94	94	898
12	潘振冬	男	17.1	69	73	84	86	82	73	78	64	83	82	774
13	赵月	女	17.1	45	69	85	81	63	60	60	68	46	62	639
14	丁浩康	男	17.1				91		87	80	79	82	86	848

排序 | 筛选 | 分类汇总 | 合并计算1 | 合并计算2

▲ 图4-41 期末考试成绩

(2) 在"排序"工作表中,单击"构成基础"数据列中任意单元格,选择"数据"菜单,在"排序和筛选"选项卡中选择"降序"项,"构成基础"列就按由高到低排序。

2. 将表中的"姓名"列笔画按从少到多排序

(1) 在"排序"工作表中,单击数据区域中的任意单元格,选择"数据"菜单,在"排序和筛选"选项卡中选择"排序"项,打开"排序"对话框。

(2) 在"排序"对话框中,在"列""排序依据""次序"下拉列表中分别选择为"姓名""数值""升序",如图4-42所示。

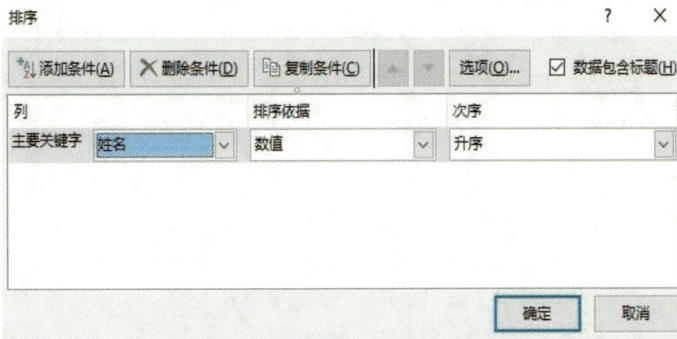

▲ 图 4-42 "排序"对话框

(3) 单击"选项"按钮，在弹出"排序选项"对话框中，选中"方法"下的"笔画排序"单选按钮。

(4) 两次单击"确定"按钮后，表中的"姓名"列笔画按从少到多排序，排序结果如图 4-43 所示。

姓名	性别	班级	大学英语	体育与健康Ⅱ	毛概	职业指导与创业教育	色彩基础训练	构成基础	数字影像技术	数字平面制作技术（PS）	数字平面制作技术（CDR/AI）	数字平面制作技术单项技能训练	总分
丁浩康	男	17.1	78	82	88	95	91	87	80	79	82	86	848
于欢欢	女	17.3	82	94	84	86	83	77	85	68	65	67	791
于虹	女	17.1	64	76	91	90	91	92	80	68	61	77	790
马伟骏	男	17.3	76	73	85	88	74	75	80	78	81	80	790
王维	男	17.2	64	82	77	90	70	71	80	90	91	91	806
王兴赫	女	17.2	64	80	87	80	78	72	72	68	70	67	738
史昊东	男	17.3	70	80	87	90	91	93	92	85	83	87	858
冯春雪	女	17.2	53	71	82	90	69	60	70	81	81	77	734
宁振东	男	17.3	60	62	88	90	92	80	87	91	96	93	839
刘大姜	男	17.3	60	86	84	80	75	83	78	84	77	72	779
刘大雷	男	17.3	60	80	90	86	78	75	85	82	78	80	794
刘文兰	女	17.2	68	76	87	89	92	81	88	95	97	96	869
刘英英	女	17.1	60	79	90	88	53	77	88	73	67	69	757

▲ 图 4-43 按"姓名"列笔画排序结果

3. 将表中的"总分"从高到低排序，当总分相同时，按"大学英语"分数从高到低排序

(1) 选定需要排序的数据区域的任意单元格，选择"数据"菜单，在"排序和筛选"选项中的选择"排序"项，打开"排序"对话框。

(2) 在"排序"对话框中，在"列""排序依据""次序"下拉列表中分别选择为"总分""数值""降序"。

(3) 单击"添加条件"按钮，在"列""排序依据""次序"下拉列表中分别选择为"大学英语""数值""降序"。结果如图 4-44 所示。

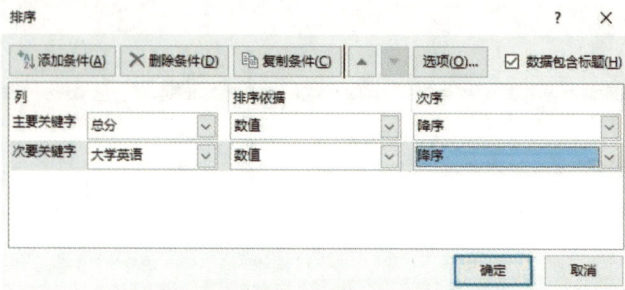

▲ 图 4-44　关键字设置

(4) 单击"确定"按钮，排序结果如图 4-45 所示。

▲ 图 4-45　按"总分"和"大学英语"排序结果

4. 将表中的单元格底纹颜色按"红色""绿色"顺序进行排序

(1) 打开"排序"对话框，删除"主要关键字"和"次要关键字"。

(2) 选定需要排序的数据区域的任意单元格，选择"数据"菜单，在"排序和筛选"选项卡中选择"排序"项，打开"排序"对话框。

(3) 在"排序"对话框中，在"列""排序依据""次序"下拉列表中分别选择"色彩基础训练""单元格颜色""红色"。

单击"添加条件"按钮，在"列""排序依据""次序"下拉列表中分别选择"色彩基础训练""单元格颜色""绿色"，如图 4-46 所示。

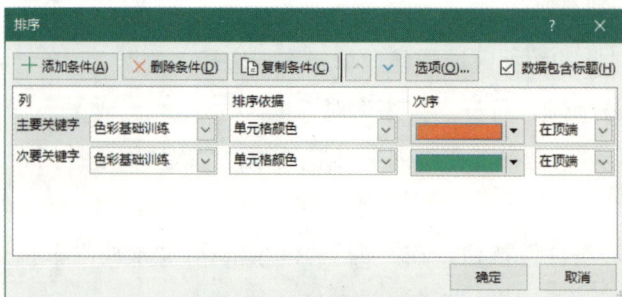

▲ 图 4-46　关键字设置

(4) 单击"确定"按钮，排序结果如图 4-47 所示。

	B	C	D	E	F	G	H	I	J	K	L	M	N	O
1	姓名	性别	班级	大学英语	体育与健康Ⅱ	毛概	职业指导与创业教育	色彩基础训练	构成基础	数字影像技术	数字平面制作技术（PS）	数字平面制作技术（CDR/AI）	数字平面制作技术单项技能训练	总分
2	刘英英	女	17.1	60	79	90	88	53	77	88	73	67	69	757
3	陈鑫鑫	男	17.3	60	58	91	83	58	81	68	67	73	79	729
4	张鹏程	男	17.1	68	79	83	76	56	85	78	54	61	63	703
5	黄冠华	女	17.2	60	96	99	93	97	92	93	90	90	90	900
6	孙奇	女	17.1	80	90	87	92	94	89	81	90	90	91	887
7	刘文兰	女	17.2	68	76	87	89	92	81	88	95	97	96	869
8	史昊东	男	17.3	70	80	87	94	91	93	92	85	83	87	858
9	张宇时	男	17.2	76	64	88	90	91	82	90	88	91	90	850
10	丁浩康	男	17.1	78	88	88	95	91	87	80	79	82	86	848
11	宁振东	男	17.3	60	62	88	90	92	80	87	91	96	93	839
12	周于司	男	17.3	73	57	87	88	94	79	84	79	84	85	805
13	于虹	女	17.1	64	76	91	90	91	72	80	68	61	77	790
14	裴青洋	男	17.1	60	86	89	97	93	76	67	67	76	776	

排序 | 筛选 | 分类汇总 | 合并计算1 | 合并计算2

▲ 图 4-47 按"红色"和"绿色"排序结果

任务 2 筛 选

筛 选

1. 筛选"总分"前五名的同学

(1) 在"筛选"工作表中，选择数据区域中的任意单元格，选择"数据"菜单，在"排序和筛选"选项卡中选择"筛选"项，系统在工作表的标题行中添加下拉式筛选按钮，如图 4-48 所示。

	A	B	C	D	E	F	G	H	I	J	K	L	M	N	O	P
1	学号	姓名	性别	班级	大学英语	体育与健康Ⅱ	毛概	职业指导与创业教育	色彩基础训练	构成基础	数字影像技术	数字平面制作技术（PS）	数字平面制作技术（CDR/AI）	数字平面制作技术单项技能训练	总分	平均分
2	17010101	唐泰然	男	17.1	87	72	91	89	85	85	85	94	95	93	876	88
3	17010102	宋林涛	男	17.1	73	68	85	90	71	77	71	71	85	78	769	77
4	17010103	路祺琪	女	17.1	60	78	46	83	75	58	72	47	56	32	607	61
5	17010104	刘昕宇	女	17.1	71	69	92	87	81	73	81	73	67	67	761	76
6	17010105	袁宏亮	男	17.1	80	79	73	90	76	80	72	60	47	62	719	72
7	17010106	裴清洋	男	17.1	60	65	86	89	97	93	76	67	67	76	776	78
8	17010107	张鹏程	男	17.1	68	79	83	76	56	85	78	61	61	63	703	70
9	17010108	张湛红	女	17.1	60	63	90	85	86	76	80	79	83	77	779	78
10	17010109	张凯玉	女	17.1	62	92	96	94	87	91	81	92	91	96	882	88
11	17010110	柯艺	女	17.1	94	78	85	88	93	83	95	94	94	898	90	
12	17010111	潘振冬	男	17.1	69	73	84	86	82	73	78	64	83	82	774	77
13	17010112	赵月	女	17.1	45	69	69	81	63	60	60	68	46	62	639	64
14	17010114	丁浩康		17.1				91	87	80	79		82	86	848	85

排序 | 筛选 | 分类汇总 | 合并计算1 | 合并计算2

▲ 图 4-48 "自动筛选"窗口

(2) 从"总分"筛选按钮的下拉列表中选择"数字筛选"→"十个最大值"命令，打开"自动筛选前 10 个"对话框，如图 4-49 所示。在"显示"中选择"最大"，输入或通过增减按钮设置筛选记录的个数为"5"。

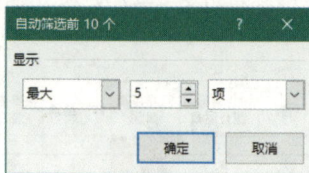

▲ 图 4-49　"自动筛选前 10 个"对话框

(3) 单击"确定"按钮，满足指定条件的记录显示在工作表中，其他不满足条件的记录被隐藏，如图 4-50 所示。

▲ 图 4-50　成绩为前五名的同学的筛选结果

(4) 从"总分"筛选按钮的下拉列表中选择"全选"，可以恢复全部数据。

2. 筛选"构成基础"在 60～80 分之间(包含 60 和 80 分)的学生名单

(1) 在"筛选"工作表中，选择数据区域中的任意单元格，从"构成基础"筛选按钮的下拉列表中选择"数字筛选"→"介于"命令，打开"自定义自动筛选方式"对话框，按图 4-51 所示进行设置。

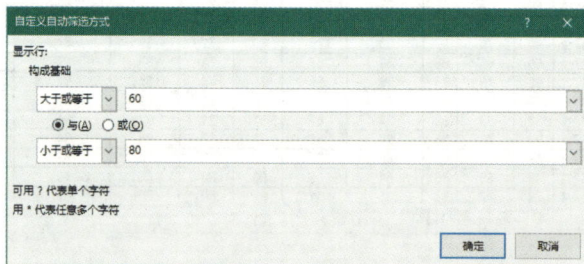

▲ 图 4-51　"自定义自动筛选方式"对话框

(2) 单击"确定"按钮，满足指定条件的记录显示在工作表中，其他不满足条件的记录被隐藏，如图 4-52 所示。

	A	B	C	D	E	F	G	H	I	J	K	L	M	N	O	P
1	学号	姓名	性别	班级	大学英语	体育与健康Ⅱ	毛概	职业指导与创业教育	色彩基础训练	构成基础	数字影像技术	数字平面制作技术（PS）	数字平面制作技术（CDR/AI	数字平面制作技术单项技能训练	总分	平均分
3	17010102	宋林涛	男	17.1	73	68	85	90	71	77	71	71	85	78	769	77
5	17010104	刘昕宇	女	17.1	71	69	92	87	81	73	81	73	67	67	761	76
6	17010105	袁宏亮	男	17.1	80	79	73	90	76	80	72	60	47	62	719	72
9	17010108	张湛红	女	17.1	60	63	90	85	86	76	80	79	83	77	779	78
12	17010111	潘振冬	男	17.1	69	73	84	86	82	73	78	64	83	82	774	77
13	17010112	赵月	女	17.1	45	69	85	81	63	60	60	68	46	62	639	64
19	17010119	路佳赓	男	17.1	60	83	87	81	78	78	85	76	67	71	766	77
20	17010120	刘英英	女	17.1	60	79	90	88	66	77	88	73	67	69	757	76
23	17010123	崔泰楷	男	17.1	60	83	75	86	86	80	78	71	48	64	731	73
24	17010124	崔欣宇	女	17.1	38	86	84	90	71	79	70	85	75	81	759	76
25	17010125	李嘉琪	男	17.1	68	64	90	86	92	71	71	82	73	77	774	77

排序　筛选　分类汇总　合并计算1　合并计算2

▲ 图 4-52　“构成基础”在 60～80 分同学的筛选结果

3. 清除筛选

选择“筛选”工作表中数据区域中的任意单元格，选择“数据”菜单，在“排序和筛选”选项卡中选择“筛选”项，可以清除筛选。

4. 筛选各科成绩均大于等于 80 且平均分大于等于 85 的学生名单

(1) 在“筛选”工作表中，将字段名“大学英语”至“平均分”复制到 R10:AB10 单元格区域中，在 R11:AB11 单元格中填写筛选条件，如图 4-53 所示，条件区域和数据区域要用空行隔开。

	N	O	P	Q	R	S	T	U	V	W	X	Y	Z	AA	AB
9	77	78	779												
10	96	88	882		大学英语	体育与健康Ⅱ	毛概	职业指导与创业教	色彩基础训练	构成基础	数字影像技术	数字平面制作技术	数字平面制作技术	数字平面制作技术	平均分
11	94	90	898		>=80	>=80	>=80	>=80	>=80	>=80	>=80	>=80	>=80	>=80	>=85
12	82	77	774												
13	62	64	639												
14	86	85	848												
15	77	79	790												
16	65	73	727												
17	91	89	887												
18	67	76	764												
19	71	77	766												
20	69	76	757												
21	67	79	790												

排序　筛选　分类汇总　合并计算1　合并计算2　合: ...

▲ 图 4-53　填写筛选条件

(2) 选定需要进行高级筛选的数据区域内的任意单元格，选择“数据”菜单，在“排序和筛选”选项卡中选择“高级”项，打开“高级筛选”对话框。

(3) 在“高级筛选”对话框中，方式选项组中选择“将筛选结果复制到其他位置”，在“列表区域”中选择要筛选的数据区域 A1:P70 (要包含标题行)，在“条件区域”中选择条件的单元格区域 R10:AB11，复制到选择单元格 R13，如图 4-54 所示。

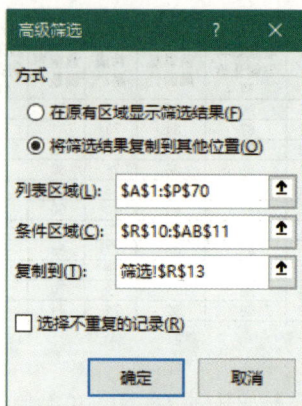

▲ 图 4-54　"高级筛选"对话框

(4) 单击"确定"按钮,则满足高级筛选条件的记录显示在工作表中,其他未满足条件的记录自动隐藏,筛选结果如图 4-55 所示。

▲ 图 4-55　"高级筛选"结果

任务 3　分 类 汇 总

分类汇总

1. 统计男女生公共基础课程的平均分

(1) 在"分类汇总"工作表中,选择需要进行分类汇总的数据列"性别"中的任意单元格,然后选择"数据"菜单,在"排序和筛选"选项卡中选择"升序"项,对该列数据排序(降序也可)。

(2) 选定准备进行分类汇总数据区域内的任意单元格,然后选择"数据"菜单,在

"分级显示"选项卡中选择"分类汇总"项，打开"分类汇总"对话框。

(3) 在弹出的"分类汇总"对话框中，在"分类字段"列表框中选择要进行分类汇总的分类字段"性别"。在"汇总方式"列表框中选择用来计算分类汇总的函数"平均值"。在"选定汇总项"列表框中，选定汇总项"大学英语""体育与健康Ⅱ""毛概""就业指导与创业教育"公共基础课程，如图4-56所示。

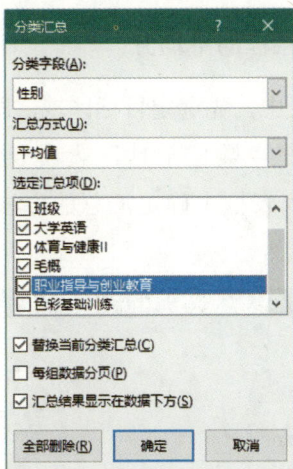

▲ 图4-56　"分类汇总"对话框设置

(4) 单击"确定"按钮完成分类汇总操作，汇总结果如图4-57所示。单击分类汇总页面左上角级别符号"2"，显示第二级结果，结果如图4-57所示。

1 2 3		A	B	C	D	E	F	G	H	I	J	K	L	M	N	O
	1	学号	姓名	性别	班级	大学英语	体育与健康Ⅱ	毛概	职业指导与创业教育	色彩基础训练	构成基础	数字影像技术	数字平面制作技术（PS）	数字平面制作技术（CDR/AI）	数字平面制作技术单项技能训练	总分
+	48			男 平均值		66.8	75.804	85.28	87.8478							
+	72			女 平均值		64.4	77.565	85.17	87.913							
−	73			总计平均值		66	76.391	85.25	87.8696							
	74															

▲ 图4-57　分类汇总结果

2. 删除分类汇总

选择分类汇总工作表任意单元格，选择"数据"菜单，在"分级显示"选项卡中选择"分类汇总"按钮，在打开的"分类汇总"对话框中，单击"全部删除"按钮，删除分类汇总。

3. 统计各班专业课的最高分

参考"统计男女生公共基础课程的平均分"中的步骤(1)至(4)，可统计各班专业课程的最高分。

任务4 合并计算

合并计算

1. 统计男女生公共基础课程的平均分

(1) 在"合并计算1"工作表中，先选定目标区域，即单击 Q13 单元格。

(2) 选择"数据"菜单，在"数据工具"选项卡中选择"合并计算"项，打开"合并计算"对话框，在函数列表框中确定汇总的方法，本例中选择"平均值"，如图 4-58 所示。

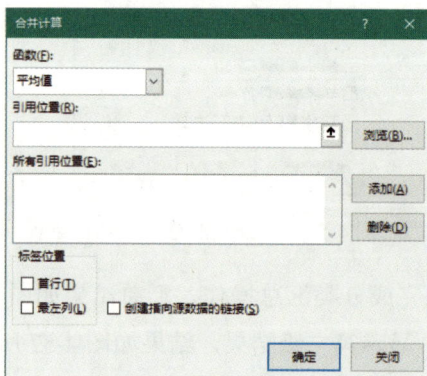

▲ 图 4-58 "合并计算"对话框

(3) 在"引用位置"框中指定要加入的合并计算源区域。单击"引用位置"框右侧的"折叠对话框"按钮，选取合并区域，即"合并计算1"工作表中的 C1:H70 单元格区域，如图 4-59 所示。

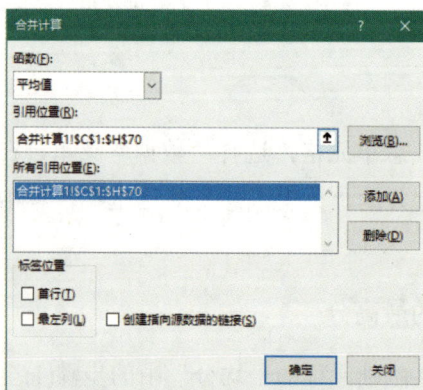

▲ 图 4-59 选择合并计算区域

(4) 在"标签位置"选项组中，选中指示标签在源区域中位置的复选框，本例选中"首行""最左列"，单击"确定"按钮，将两个区域的数据合并到一起，结果如图 4-60 所示。

	班级	大学英语	体育与健康Ⅱ	毛概	职业指导与创业教育
男		66.82609	75.8043	85.2826087	87.8478
女		64.43478	77.5652	85.17391304	87.913

▲ 图 4-60　合并计算结果

2. 汇总 15–16 学年上学期 15 级 3 个班各科不及格人数

(1) 在"合并计算 2"工作表中，先选定目标区域，即工作表中的 A1 单元格。

(2) 选择"数据"菜单，在"数据工具"选项卡中选择"合并计算"项，打开"合并计算"对话框，在"函数"列表中选择"求和"。

(3) 在"引用位置"框中指定要加入的合并计算源区域。单击"引用位置"框右侧的"折叠对话框"按钮，选取第一个合并区域，即"合并计算 2"工作表中的"150101 各科不及格统计表"的 A2:K3 单元格区域。

(4) 再次单击"引用位置"框右侧的"展开对话框"按钮，返回到"合并计算"对话框，可以看到引用单元格区域出现在"引用位置"列表框中。单击"添加"按钮，将在"所引用位置"框中增加一个区域。

(5) 重复步骤(3)～(4)的操作，选定第二个合并计算的区域，"合并计算 2"工作表中的"150102 各科不及格统计表"的 A7:K8 单元格区域。

(6) 重复步骤(3)～(4)的操作，选定第三个合并计算的区域，"合并计算 2"工作表中的"150103 各科不及格统计表"的 A12:K13 单元格区域。如图 4-61 所示。

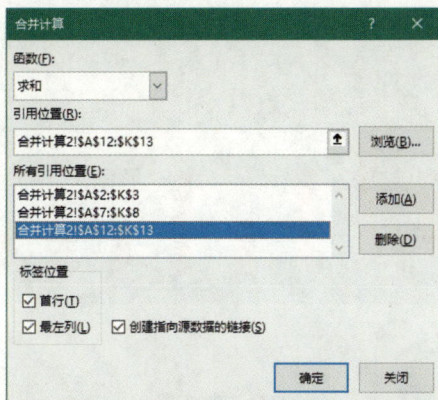

▲ 图 4-61　在所引用位置中添加合并区域

(7) 选中"标签位置"选项组中的三个复选框,单击"确定"按钮。如图 4-62 所示为合并计算的结果。

	A	B	C	D	E	F	G	H	I	J	K	L
1			大学英语	体育与健康Ⅱ	毛概	职业指导与创业教育	色彩基础训练	构成基础	数字影像技术	数字平面制作技术(PS)	数字平面制作技术(CDR/AI)	数字平面制作技术单项技能训练
5	15 - 16上学		3	3	3		3		3	3	3	3
6												

▲ 图 4-62　3 个班各科不及格人数合并结果

项目 5　数据分析——图表分析各专业人数

项目分析

【项目描述】

某校为了进一步做好学生就业指导工作,提升就业工作的实际成效,需要制定新年就业工作计划,先要了解学院学生概况,因此对三个年级的各专业人数进行了汇总,但单纯电子表格数据所表达的信息不明显,还需要一份数据差异明显的各专业在校学生人数分析图和各专业男女生比例图。图表是 Excel 重要的数据分析工具,具有直观、准确和便于比较等特点,所以将通过 Excel 创建所需图表,任务实现后的效果如图 4-63 所示。

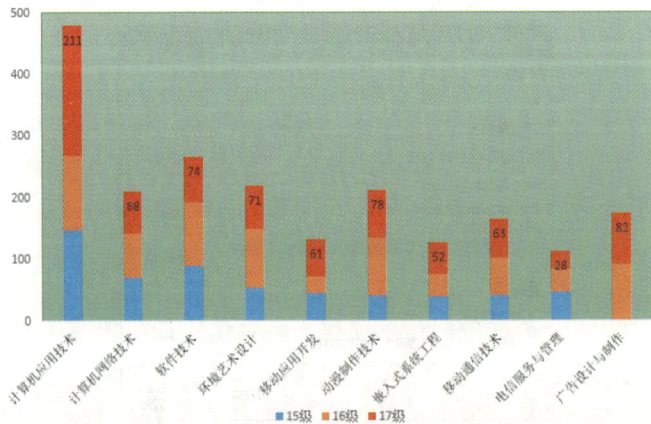

高职在校学生人数统计表

▲ 图 4-63　图表样文

【项目目标】

- 了解组成图表的元素和图表类型
- 掌握创建、编辑图表的方法(重点)
- 掌握修饰图表的方法和技巧(重点)
- 能够根据实际需要创建精美图表(难点)

项目实现

任务1 认识图表中的元素

图表主要由图表区、绘图区、图表标题、坐标轴及坐标轴标题、数据系列和图例构成，如图 4-64 所示。

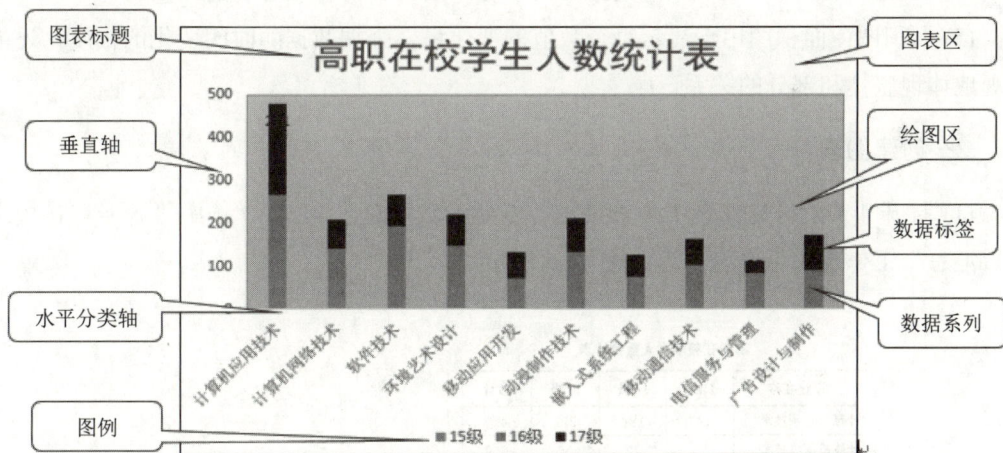

▲ 图 4-64 图表的结构

(1) 图表区：图表区是指图表的全部作用范围。

(2) 绘图区：绘图区是图表区中由图形表示的范围，即以坐标轴为边的矩形区域。

(3) 图表标题：图表标题一般显示在绘图的上方，也可显示在其他位置。

(4) 坐标轴及坐标轴标题：坐标轴分为 X 轴和 Y 轴。其中 Y 轴通常为垂直坐标轴，并包含数据，X 轴通常为水平分类轴，包含分类。

(5) 图表的数据系列：数据系列是在图表中绘制的相关数据点。对应工作表的一行或一列数据。图表中的每个数据系列具有唯一的颜色或图案，并且在图表的图例中表示。

(6) 图例：图例用于标志图表中的数据系列，表示每个系列所代表的内容。

(7) 数据标签：数据标签用来表示图表中的数据点的值。

任务 2 创建图表

创建图表

1. 常用图表的类型

(1) 柱形图：柱形图常用于进行几个项目之间数据的对比。

(2) 条形图：条形图与柱形图的用法相似，但数据位于 Y 轴，值位于 X 轴，位置与柱形图相反。

(3) 折线图：折线图多用于显示等时间间隔数据的变化趋势，它强调数据时间性和变动率。

(4) 饼图：饼图用于显示一个数据系列中各项的大小与各项总和的比例。

(5) 面积图：面积图用于显示每个数值的变化量，强调数据随时间变化的幅度，还能直观地体现整体和部分的关系。

2. 创建图表

(1) 打开 4-5 素材文件夹中的"某校各专业人数汇总表.xlsx"，选中"各专业在校生人数汇总"工作表，工作表内容如图 4-65 所示。

▲ 图 4-65 各专业在校生人数汇总表

(2) 选中 A2:D12 单元格区域，选择"插入"菜单，在"图表"选项卡中选择"柱形图"项，在弹出的下拉菜单中选择"柱形图"→"簇状柱形图"命令，在工作表中建立如图 4-66 所示的簇状柱形图。

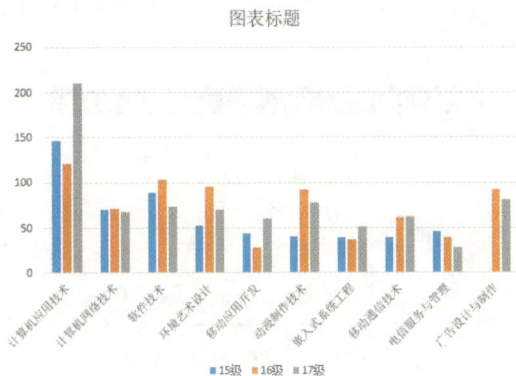

▲ 图 4-66 簇状柱形图

(3) 同理，选中"各年级男女生汇总"工作表中的 C2:D2 和 C6:D6 单元格区域，选择"插入"菜单，在"图表"选项卡中选择"饼图"项，在工作表中建立了一个饼图，如图 4-67 所示。

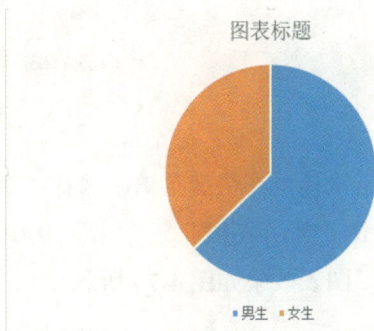

▲ 图 4-67 饼图

3. 调整图表的大小

(1) 先在图表区的任意位置上单击，激活图表，将鼠标移动到图表的浅灰色边框的控制点上。当鼠标形状变为双向箭头时，拖动调整图表的大小。

(2) 选中已创建的簇状柱形图，选择"图表工具"菜单，在"格式"选项卡中选择"大小"项中的高度微调框输入"12 厘米"，宽度微调框输入"17 厘米"。

4. 移动图表

(1) 选中刚刚建立的饼图，将鼠标移动到图表区上，当出现移动控制句柄时，可在同一工作表中移动图表。

(2) 选中刚刚建立的饼图,选择"设计"菜单,在"位置"选项组中选择"移动图表"项,在打开"移动图表"的对话框中,选中"新工作表"单选按钮,在右侧的文本框中输入新工作名称为"在校生男女人数对比图",如图 4-68 所示,最后单击"确定"按钮,将该饼图移动到新工作表中。

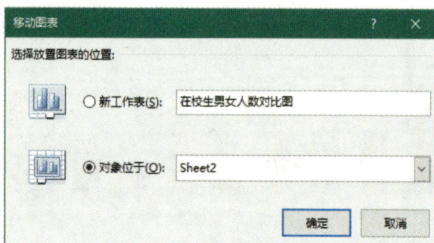

▲ 图 4-68　"移动图表"对话框

(3) 对于图表工作表,不能移动和缩放整个图表,只能对图中的绘图区域和文本框执行移动和缩放操作。

任务 3　编 辑 图 表

编辑图表

1. 更改图表类型

单击已创建的柱形图,然后右击鼠标,在快捷菜单中选择"更改图表类型"命令,打开"更改图表类型"对话框,单击"所有图表"选项卡,从中选择"柱形图"中的"堆积柱形图"项,如图 4-69 所示,图表效果如图 4-70 所示。

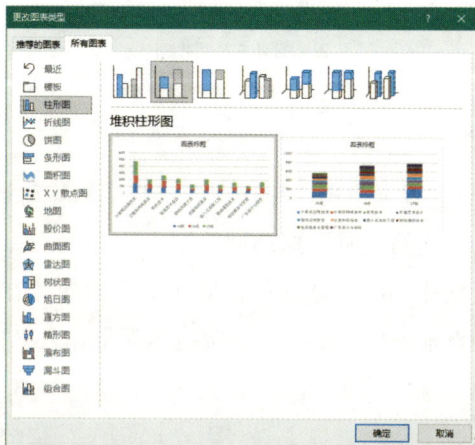

▲ 图 4-69　"更改图表类型"对话框

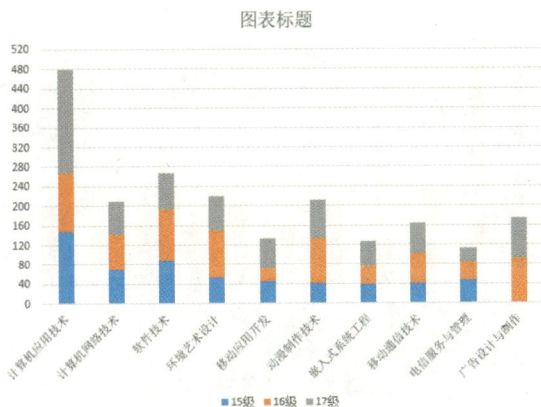

▲ 图 4-70　更改图表类型为"堆积柱形图"

2. 修改数据源

(1) 将"合计"一行的数据区域 E2:E12 添加到图表中。

① 在"编辑图表案例"工作表中，选中图表，右击其中的图表区，在弹出的快捷菜单中"选择数据"命令，打开"选择数据"对话框。

② 单击"图表数据区域"右侧的折叠按钮，返回 Excel 工作表，重新选取数据区域 A2:E12，在折叠的"选择数据源"对话框中显示重新选择后的单元格区域，单击"展开"按钮，返回"选择数据源"对话框，将自动输入新的数据区域，并自动添加水平轴标签，如图 4-71 所示。

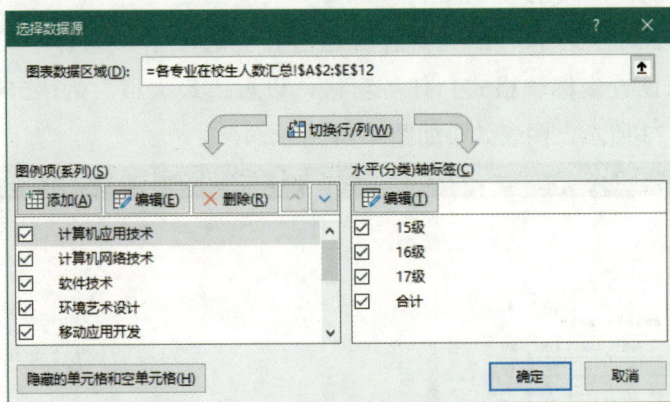

▲ 图 4-71　重新选择数据源的区域

③ 单击"确定"按钮，在图表中添加了新的数据"合计"，如图 4-72 所示。

(2) 删除图表中的数据。

单击图表中的数据系列"合计"，然后按 Delete 键，即可删除图表中的"合计"系列数据。

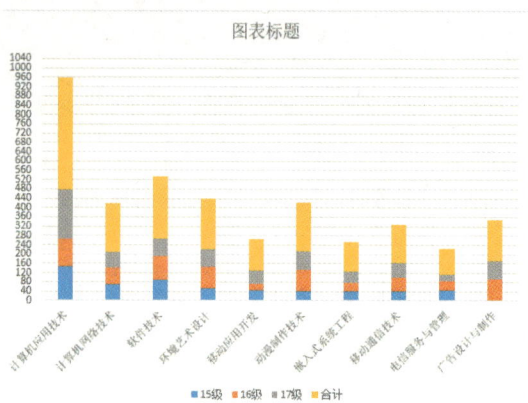

▲ 图 4-72　添加新数据的图表

> **注：** 使用"复制"和"粘贴"命令向图表中添加数据。选定要添加数据所在的单元格区域 E2:E12，然后单击"复制"按钮，再选择图表，单击"粘贴"按钮。

3. 更改图表的布局和样式

(1) 设置纵坐标轴的最大值为"500"，纵坐标轴主要刻度单位修改为"100"。

① 选中图表，选择"格式"菜单，在"当前所选内容"选项卡中选择"图表元素"项，在弹出的下拉菜单中选择"垂直(值)轴"。

② 选择"格式"菜单，在"当前所选内容"选项卡中选择"设置所选内容格式"项，打开"设置坐标轴格式"任务窗格，设置"最大值"为"500"，"主要"为"100"，如图 4-73 所示，图表效果如图 4-74 所示。

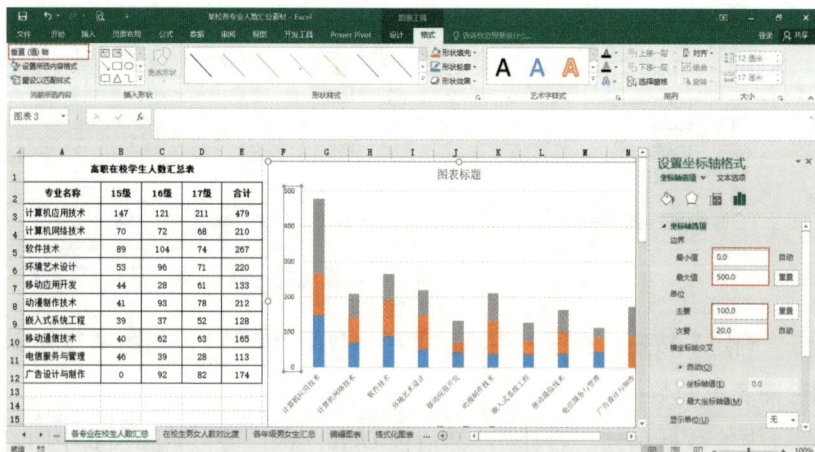

▲ 图 4-73　"设置坐标轴格式"任务窗格

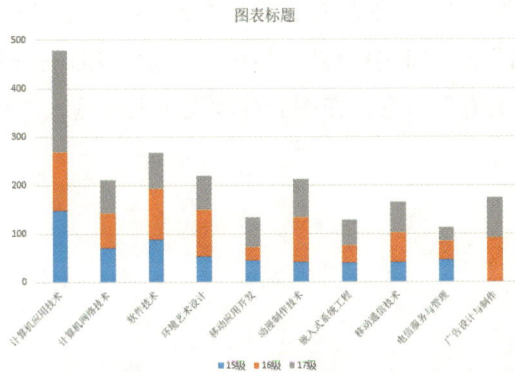

▲ 图 4-74 修改了"纵坐标轴主要刻度单位"的图表

(2) 取消图表中的网格线。选中图表,选择"设计"菜单,单击"图表布局"选项卡中"添加图表元素"项,在弹出的下拉菜单中选择"网格线"中"主轴主要水平网格线"命令,如图 4-75 所示,图表效果如图 4-76 所示。

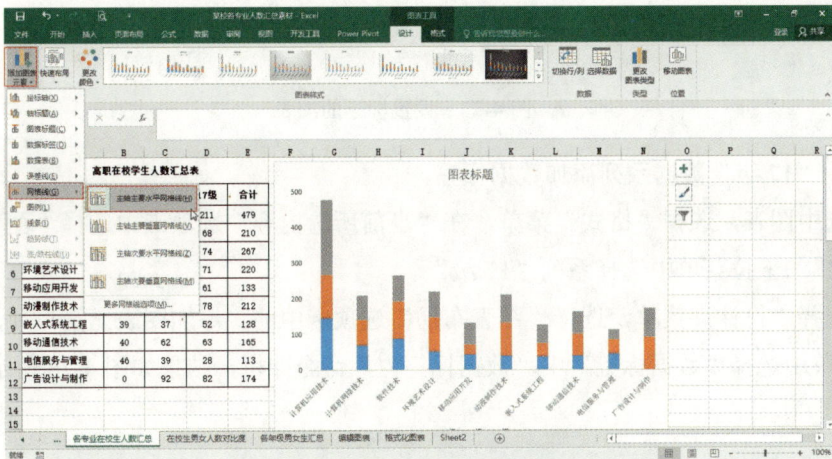

▲ 图 4-75 取消图表的横网格线

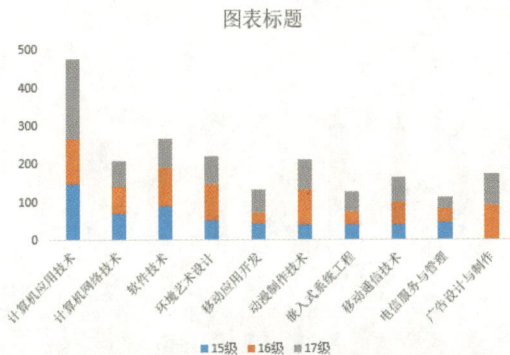

▲ 图 4-76 取消网格线的图表

(3) 为图表添加图表标题：高职在校学生人数统计表。选中图表，选择"图表布局"菜单，单击"图表布局"选项卡中的"添加图表元素"项，在弹出的下拉菜单中选择"图表标题"中"图表上方"命令，在图表标题文本框内输入"高职在校学生人数统计表"，结果如图 4-77 所示。

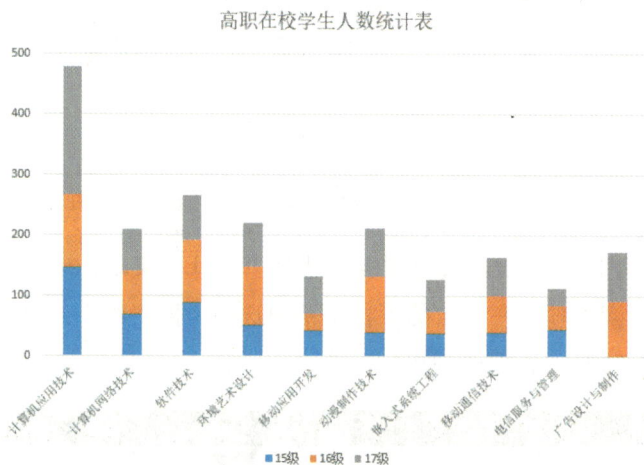

▲ 图 4-77　设置标题的图表

(4) 为"17 级"数据系列添加数据标签。

① 选中图表，选择"格式"菜单，在"当前所选内容"选项卡中选择"图表元素"项，在弹出的下拉菜单中选择系列"17 级"。

② 选择"设计"菜单，选择"图表布局"选项卡中的"添加图表元素"项，在弹出的下拉菜单中选择"数据标签"中"数据标签内"命令即可，结果如图 4-78 所示。

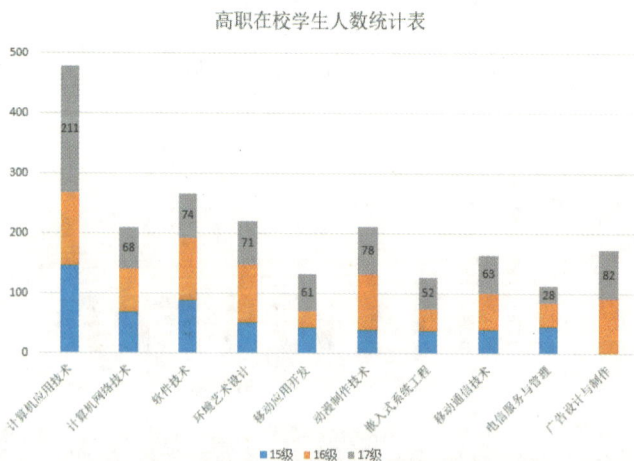

▲ 图 4-78　设置数据标签的图表

任务4 修饰图表

修饰图表

图表格式化设置主要是通过对图表区、绘图区、标题、图例及坐标轴等项重新设置字体、图案、对齐方式等，使图表更加合理、美观。

1. 设置绘图区填充颜色

选中绘图区，选择"格式"菜单，在"形状样式"选项组中选择"其他"项，在弹出的下拉菜单中选择"绿色，个性色6，淡色80%"命令即可。

2. 设置数据系列颜色

(1) 选中图表，然后右击其中的数据系列"17级"，在弹出的快捷菜单中选择"设置数据格式"命令，打开"设置数据系列格式"任务窗格。

(2) 单击"填充"项，选择"纯色填充"中"红色"项，可将"17级"数据系列颜色设置为"红色"。

3. 设置图表标题字体

选中标题"高职在校学生人数统计表"，设置字体"黑体"，字号"20"。图表效果如图4-79所示。

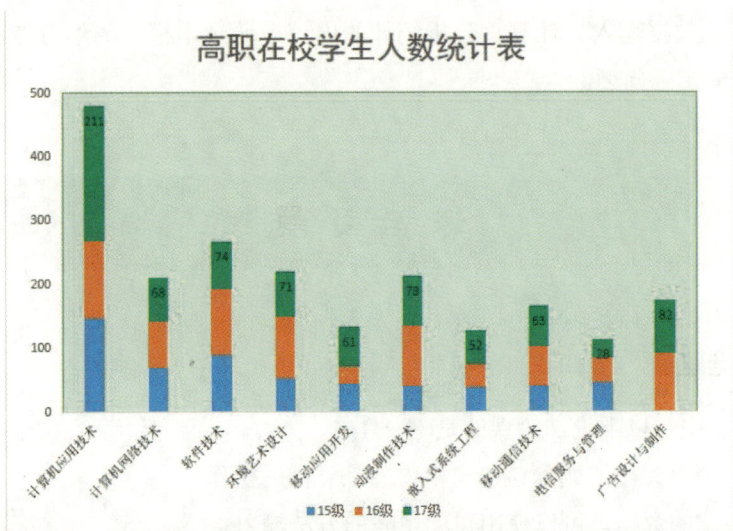

▲ 图4-79　设置图表标题字体的效果

4. 格式化

对"在校生男女人数对比图"工作表图表进行格式化，按图 4-80 所示为图表添加标题，添加标签。

在校生男女人数对比图

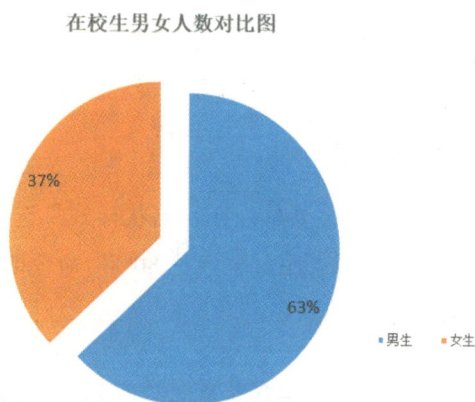

▲ 图 4-80　格式化后的饼图

本 模 块 小 结

本模块通过 5 个典型项目完整地介绍了 Excel 软件的综合应用，这些项目涵盖了电子表格的制作、数据输入、计算、分析统计的内容，通过本模块的学习能够帮助大家解决工作中遇到的实际问题。

课 后 习 题

一、单选题

1. 在 Excel 中，以下说法错误的是(　　)。

A. 删除一个单元格与删除该单元格内容是一样的操作

B. 对有规律的数据，可以使用自动填充的方法输入

C. 可以对工作表中的部分数据进行汇总、筛选、排序等操作

D. 输入的数值型数据会自动右对齐，文字型数据会自动左对齐

2. 在单元格中输入数字字符串 00083 (学号)时，应输入(　　)。

A. 00083

B. "00083"

C. '00083'

D. '00083

3. 把单元格指针移到 AZ1000 的最简单的方法是(　　)。

A. 拖动滚动条

B. 按 "+" 键

C. 在名称框内输入 AZ1000，并按回车键

D. 先用 "→" 键移到 AZ 列，再用 "↓" 键移到 1000 行

4. 在编辑栏中输入(　　)，使该单元格显示 0.3。

A. 6/20

B. "6/20"

C. = "6/20"

D. =6/20

5. 下列序列中，不能直接利用自动填充快速输入的是(　　)。

A. 星期一，星期二，星期三，……

B. 第一类，第二类，第三类……

C. 甲，乙，丙……

D. Mon, Tue, Wed……

6. 已知工作表中 K6 单元格中为公式 "=F6*D4"，在第 3 行处插入一行，则插入后 K7 单元格中的公式为(　　)。

A. =F7*D5

B. =F7*D4

C. F6*D5

D. =F6*D4

7. 已知D1单元格内容为 12.5，拖动 D1 单元格的拖动柄到 D10，则 D10 单元格的内容是(　　)。

A. 21.5

B. 22.5

C. 12.5

D. 23.5

8. 用筛选条件"英语>75 与总分≥240"对成绩数据进行筛选后，在筛选结果中都是
( )。

A. "英语>75"的记录

B. "英语>75 且总分≥240"的记录

C. "总分≥240"的记录

D. "英语>75 或总分≥240"的记录

9. Excel 工作表 A1 单元格的内容为公式 =SUM(B2:D7)，在用删除行的命令将
第 2 行删除后，A1 单元格中的公式将调整为( )。

A. =SUM(ERR)

B. =SUM(B3:D7)

C. =SUM(B2:D6)

D. #VALUF！

10. 用鼠标拖放操作复制单元格数据时必须同时按住( )键。

A. Tab

B. Alt

C. Ctrl

D. Shift

11. 在 Excel 工作表中，每个单元格都有唯一的编号地址，地址的使用方法是( )。

A. 字母 + 数字

B. 列标 + 行号

C. 数字 + 字母

D. 行号 + 列标

12. 筛选可分为自动筛选和( )。

A. 自定义筛选

B. 手动筛选

C. 多列筛选

D. 高级筛选

13. 在 Excel 工作表中，能在同一单元格中显示多个段落的操作是( )。

A. 将单元格格式设为自动换行

B. 按组合键 Alt + Enter

C. 合并上下单元格

D. 按 Enter

14. 在分类汇总前，数据清单必须在要进行分类汇总的列上进行(　　)。

A. 排序

B. 筛选

C. 复制

D. 粘贴

15. 若干个结构相同的表进行表间汇总，可用(　　)。

A. 汇总

B. 筛选

C. 合并计算

D. 排序

16. 在 Excel 中，使用(　　)功能可以将数据区内满足条件的数据设置为红色。

A. 合并计算

B. 数据的有效性

C. 条件格式

D. 自动筛选

17. 在 Excel 的高级筛选中，条件区域中不同行的条件是(　　)。

A. 或的关系

B. 与的关系

C. 非的关系

D. 异或的关系

18. Excel 中取消工作表的自动筛选后，结果是(　　)。

A. 工作表的数据消失

B. 工作表恢复原样

C. 只剩下符合筛选条件的记录

D. 不能取消自动筛选

19. 在 Excel 中，下面关于分类汇总的叙述错误的是(　　)。

A. 分类汇总前必须按关键字排序

B. 进行一次分类汇总的关键字段只能对一个字段

C. 分类汇总可以删除，但删除汇总后排序操作不能撤销

D. 汇总方式只能求和

20. 如果在工作表上拖动蓝色选定柄，将新数据包含到矩形选定框中，可以在图表中添加(　　)。

A. 新分类

B. 新分类和新据点

C. 新数据系列

D. 新图例

21. 在 Excel 图表中(　　)会随着工作表中数据的改变而发生相应的变化。

A. 图例

B. 系列数据的值

C. 图表类型

D. 图表位置

22. 在 Excel 中移动图表的方法是(　　)。

A. 用鼠标拖动图表区的空白处

B. 用鼠标右键拖动图表绘图区

C. 用鼠标拖动图表控制点

D. 鼠标拖动图表边框

23. 在 Excel 表格的单元格中出现一连串的"########"符号，则表示(　　)。

A. 需重新输入数据

B. 需调整单元格的宽度

C. 需删去该单元格

D. 需删去这些符号

24. 在 Excel 的图表中，能反映出数据变化趋势的图表类型是(　　)。

A. 柱形图

B. 折线图

C. 饼图

D. 气泡图

二、填空题

25. 电子表格由行列组成的_____构成，行与列交叉形成的格子称为_____，是 Excel 中最基本的存储单位，可以存放数值、变量、字符、公式等数据。

26. _____是用来存储数据及进行数据处理的一张表格，它是_____的一部分，也称为_____。

27. 每个存储单元有一个地址，由_____与_____组成，如 A2 表示第_____列第____ _____行的单元格。

28. 活动单元是_____的单元格，活动单元格的特征是_____。

29. 单击工作表左上角的_____，则整个工作表被选中。

30. 在数据编辑框中将显示三个工具按钮，×为_____，√为_____，= 为_____。

31. 要查看公式的内容，可单击单元格，在打开的_____内显示出该单元格的公式。

32. 连接运算符是_____，其功能是把两个字符连接起来。

33. 如果双击_____的右边框，则该列会自动调整列宽，以容纳该列最宽数据。

34. Excel 提供了两种筛选命令：_____和_____。

35. 在 Excel 2016中，标识单元格区域的分隔符号必须用_____符号。

36. 更改了屏幕上工作表的显示比例，对打印效果_____。

37. 使用键盘，直接按_____和_____组合键，可以选择前一个或后一个工作表为当前工作表。

38. 将"A1+A4+B4"用绝对地址表示为_____。

39. 在 Excel 中，如果要将工作表冻结便于查看，可以用_____功能区的"冻结窗格"来实现。

40. 在 A1 单元格内输入"30001"，然后按下 Ctrl 键，拖动该单元格填充柄至 A8，则 A8 单元格中内容是_____。

41. 在 Excel 2016 约定的数据对齐格式下，文字数据___对齐，数字数据___对齐。

42. 在 Excel 工作表中，单元格区域 D2:E4 所包含的单元格个数是_____个。

43. 公式被复制后，公式中参数的地址发生相应的叫_____，参数地址不发生变化，叫_____，相对地址与绝对地址混合使用_____。

44. 运算符包括_____、_____、_____、_____。

三、操作题

45. 打开"课后练习素材"文件夹中的"高中学生成绩.xlsx"文件，将"Sheet1"工作表重命名为"数据源"，并将"数据源"工作表复制1份到另一工作表中命名为"学生信息表"。(说明：以下操作在"学生信息表"工作表中进行。)

46. 在"考生考号"列前插入一列"序号"，列宽为"8"，并填充序号"1～50"，同时将"语文"与"数学"两列相交换。

47. 给学生"邵丹"添加批注"班长"。

48. 为"学生信息表"添加标题"学生信息表"，设置字号为22，跨列居中；对照图 4-81 所示设置单元格格式，页面的宽度不能超过纸张(A4)的宽度。

	A	B	C	D	E	F	G	H	I	J
1	学生信息表									
2	序号	考生考号	姓名	班级编号	数学	语文	外语	综合	总分	报考信息
3	1	04220104110989	韩瀚	高三、一	90	100	117	171	478	77050515
4	2	04220104111006	宫平	高三、五	73	104	103	197	477	77050516
5	3	04220104111016	李辉	高三、二	88	113	97	194	492	77050514
6	4	04220104111126	邵丹	高三、三	81	109	99	167	456	77050235
7	5	04220104111130	刘言	高三、一	102	122	103	208	535	77050513
8	6	04220104111158	王雪	高三、五	109	118	116	180	523	77050511
9	7	04220104111189	王营	高三、三	0	0	0	0	0	77050211
10	8	04220104111190	隋黎黎	高三、三	122	120	110	186	538	77050212
11	9	04220104111191	陈丽颖	高三、一	84	115	115	202	516	77050213
12	10	04220104111192	曲冰	高三、三	86	130	115	195	526	77050214
13	11	04220104111195	王拓	高三、二	89	113	111	209	522	77050512
14	12	04220104111196	修洋	高三、三	55	82	21	123	281	77050559
15	13	04220104111197	张一丁	高三、一	70	93	26	81	270	77050259
16	14	04220104111198	郭芳	高三、五	92	109	123	165	489	77050555
17	15	04220104111302	张卓	高三、三	69	110	75	190	444	77050522
18	16	04220104111310	杨洋	高三、五	123	109	106	175	513	77050517
19	17	04220104111311	施迪倩	高三、三	80	96	72	191	439	77050530
20	18	04220104111312	高岩松	高三、一	85	109	119	200	513	77050518
21	19	04220104111313	张若欣	高三、四	91	106	104	189	490	77050519
22	20	04220104111314	华成	高三、二	99	117	65	182	463	77050520
23	21	04220104111315	禹爽	高三、二	85	106	90	184	465	77050531

数据源 | 学生信息表 | …

▲ 图 4-81　学生成绩表样文

(5) 设置条件格式：将“总分”大于等于“500”的单元格设置为黄色字体、红色填充。

(6) 在“04220104111319 杨俊”前插入分页符，并设置表格的标题和表头为打印标题行。

(7) 复制工作表：将“学生信息表”工作表复制 5 份，并分别重命名为“排序”“筛选”“分类汇总”“合并计算”“公式应用”。

(8) 将“排序”工作表中的数据，以“总分”为关键字按“降序”的方式排序。

(9) 在“筛选”工作表中，筛选出“总分”大于或等于“500”的记录，结果如图 4-82 所示。

	A	B	C	D	E	F	G	H	I	J
1	学生信息表									
2	序	考生考号	姓名	班级编	数	语	外	综	总	报考信息
7	5	04220104111130	刘言	高三、一	102	122	103	208	535	77050513
8	6	04220104111158	王雪	高三、五	109	118	116	180	523	77050511
10	8	04220104111190	隋黎黎	高三、三	122	120	110	186	538	77050212
11	9	04220104111191	陈丽颖	高三、一	84	115	115	202	516	77050213
12	10	04220104111192	曲冰	高三、三	86	130	115	195	526	77050214
13	11	04220104111195	王拓	高三、二	89	113	111	209	522	77050512
18	16	04220104111310	杨洋	高三、五	123	109	106	175	513	77050517
20	18	04220104111312	高岩松	高三、一	85	109	119	200	513	77050518
26	24	04220104111319	杨俊	高三、二	103	109	101	210	523	77050525
53										

▲ 图 4-82　筛选结果

(10) 在"分类汇总"工作表中，汇总出各班考生人数。汇总结果如图 4-83 所示。

▲ 图 4-83　汇总结果

(11) 在"合并计算"工作表中，合并出各班各科考试的平均分，并保留 2 位小数，对结果进行适当的修饰。合并计算结果图 4-84 所示。

班级班号	数学	语文	外语	综合
高三、一	79.80	102.40	89.60	175.60
高三、五	75.40	103.00	89.20	175.20
高三、二	78.18	107.82	77.73	179.73
高三、三	72.25	94.13	68.50	156.63
高三、四	71.45	102.73	79.36	172.36

▲ 图 4-84　合并计算结果

(12) 在"图表"工作表中，以各科平均成绩为数据源，创建如图 4-85 所示的"簇状柱形图"。

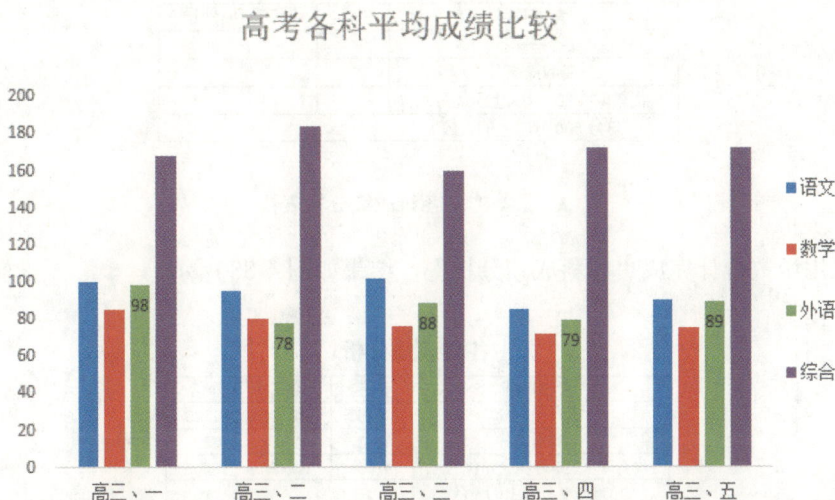

高考各科平均成绩比较

▲ 图 4-85　高考各科成绩比较图表

(13) 在"公式应用"工作表中，在 J 列后面添加"平均值""名次""备注"列，应用函数将"平均值""名次"计算出来。

(14) 在"公式应用"工作表中，在"备注"列中，将平均值在 85 分以上(包括 100 分)的学生给予标注"优秀"，结果如图 4-86 所示。

	A	B	C	D	E	F	G	H	I	J	K	L	M
1			学生信息表										
2	序号	考生考号	姓名	班级编号	数学	语文	外语	综合	总分	报考信息	平均值	名次	备注
3	1	04220104110989	韩瀚	高三、一	90	100	117	171	478	77050515	119.5	17	优秀
4	2	04220104111006	宫平	高三、五	73	104	103	197	477	77050516	119.25	18	优秀
5	3	04220104111016	李辉	高三、二	88	113	97	194	492	77050514	123	11	优秀
6	4	04220104111126	邵丹	高三、三	81	109	99	167	456	77050235	114	23	优秀
7	5	04220104111130	刘言	高三、一	102	122	103	208	535	77050513	133.75	2	优秀
8	6	04220104111158	王雪	高三、五	109	118	116	180	523	77050511	130.75	4	优秀
9	7	04220104111189	王营	高三、三	0	0	0	0	0	77050211	0	50	
10	8	04220104111190	隋黎黎	高三、三	122	120	110	186	538	77050212	134.5	1	优秀
11	9	04220104111191	陈丽颖	高三、一	84	115	115	202	516	77050213	129	7	优秀
12	10	04220104111192	曲冰	高三、三	86	130	115	195	526	77050215	131.5	3	优秀
13	11	04220104111195	王拓	高三、三	89	113	111	209	522	77050512	130.5	6	优秀
14	12	04220104111196	修洋	高三、三	55	82	21	123	281	77050559	70.25	47	
15	13	04220104111197	张一丁	高三、一	70	93	26	81	270	77050259	67.5	49	
16	14	04220104111198	郭芳	高三、五	92	109	123	165	489	77050555	122.25	14	优秀
17	15	04220104111302	张卓	高三、三	69	110	75	190	444	77050522	111	27	优秀
18	16	04220104111310	杨洋	高三、五	123	109	106	175	513	77050517	128.25	8	优秀
19	17	04220104111311	施迪倩	高三、三	80	96	72	191	439	77050530	109.75	29	优秀
20	18	04220104111312	高岩松	高三、二	85	109	119	200	513	77050518	128.25	8	优秀
21	19	04220104111313	张若欣	高三、四	91	106	104	189	490	77050519	122.5	13	优秀
22	20	04220104111314	华成	高三、二	99	117	65	182	463	77050520	115.75	21	优秀
23	21	04220104111315	禹爽	高三、二	85	106	90	184	465	77050531	116.25	19	优秀
24	22	04220104111317	石蕊	高三、五	62	102	96	194	454	77050523	113.5	24	优秀
25	23	04220104111318	周元媛	高三、一	60	92	69	148	369	77050524	92.25	42	
26	24	04220104111319	杨俊	高三、二	103	109	101	210	523	77050525	130.75	4	优秀

▲ 图 4-86　公式计算结果

(15) 在"公式应用"工作表中，制作"各科成绩分析"表格，结果如图 4-87 所示。

各科成绩分析

考试科目	数学	语文	外语
各科平均分			
各科最高分			
优秀率（120 分以上为优秀）			
总分 500 分以上的人数			

▲ 图 4-87　各科成绩分析表格

(16) 用函数统计完成"各科成绩分析"，结果如图 4-88 所示。

各科成绩分析

考试科目	数学	语文	外语
各科平均分	75.52	102.46	81.28
各科最高分	123	130	123
优秀率（120 分以上为优秀）	4.00%	6.00%	2.00%
总分 500 分以上的人数	9		

▲ 图 4-88　各科成绩分析结果

模 块 五

PowerPoint 2016 演示文稿软件

PowerPoint 是一款演示文稿图形程序，是 Office 办公软件的三大核心组件之一，PPT 就是它的简称，其基本界面与 Word 和 Excel 十分相似，用户可以在投影仪或计算机上进行演示，也可以将演示文稿打印出来，还可以在互联网上召开远程会议、面对面会议或向观众进行展示，是工作中进行汇报演示时经常用到的软件。

本模块学习目标

➢ 幻灯片的基本操作——职业生涯规划幻灯片制作

➢ 母版与动画的应用——个人简历幻灯片制作

项目1 PowerPoint 使用——职业生涯规划幻灯片制作

项目分析

【项目描述】

演示文稿中的每一页就叫幻灯片，每张幻灯片都是演示文稿中既相互独立又相互联系的内容。在制作演示文稿时，实际上就是按照一定的思路设计每一页幻灯片的内容。本项目以职业生涯规划幻灯片的制作为例，向大家介绍幻灯片的基本操作方法，项目实现后的效果如图 5-1 职业生涯规划幻灯片样文所示。

▲ 图 5-1 职业生涯规划幻灯片样文

【项目目标】

- 熟悉 PowerPoint 工作界面
- 掌握 PowerPoint 幻灯片的创建、移动、删除等基本操作(重点)
- 掌握在 PowerPoint 中插入文本框、形状、表格、图表、SmartArt 图形的方法(重点)
- 掌握幻灯片的放映方法
- 学会独立设计幻灯片(难点)

项目实现

任务 1　PowerPoint 的工作界面与基本操作

1. 启动 PowerPoint 2016 并新建空白演示文稿

(1) 单击"开始"按钮，依次选择"所有应用"/"PowerPoint 2016"，启动 PowerPoint 2016，打开的界面如图 5-2 所示。

▲ 图 5-2　启动 PowerPoint

(2) 单击启动画面中的"空白演示文稿"，即可创建一个新的空白幻灯片，如图 5-3 所示。

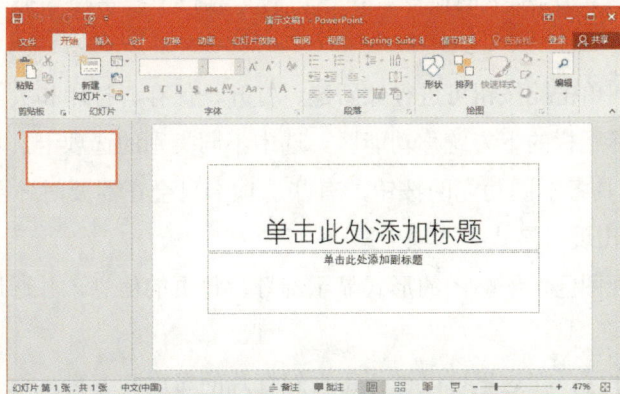

▲ 图 5-3　空白幻灯片界面

> **注**：也可以在新建幻灯片时，利用给出的各种模板或联机搜索模版创建具有不同背景效果的幻灯片，这样更便于大家进行设计，提高设计效率。

2. 认识 PowerPoint 2016 工作界面

PowerPoint 2016 工作界面如图 5-4 所示。

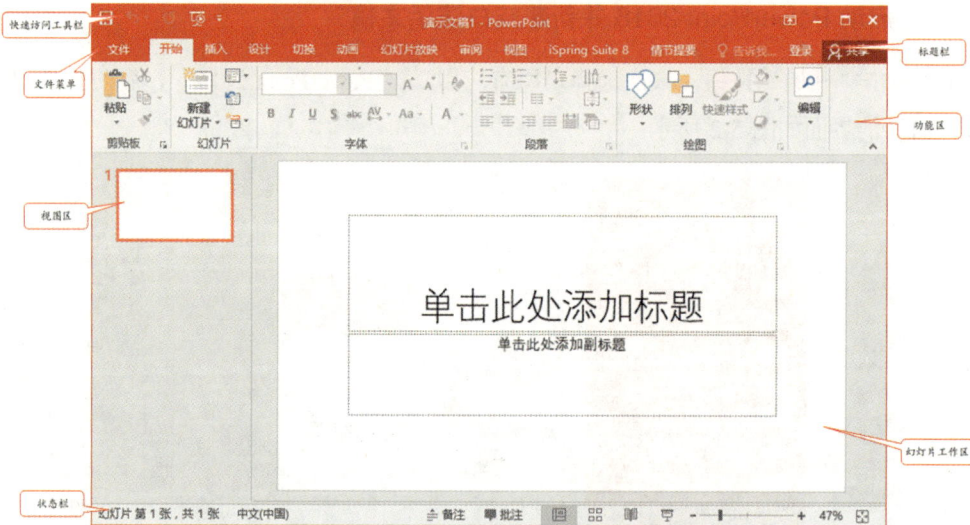

▲ 图 5-4　PowerPoint 2016 工作界面

(1) 标题栏：标题栏显示正在编辑文档的文件名和正在使用的软件的名称。它还包括标准的最小化、还原和关闭按钮。

(2) 快速访问工具栏：快速访问工具栏是一个可自定义的工具栏，包含一组独立于当前显示的功能区上的选项卡的命令。快速访问工具栏上经常使用撤销、保存、恢复等命令。

(3) 文件菜单：单击此按钮可进行如新建、打开、保存、打印和关闭等操作命令。

(4) 功能区：标题栏的下方统称功能区。选中不同类别的选项卡，功能区的命令组会出现变化并会出现具备不同功能的按钮，有些选项卡只会在需要时才会显现，像选中插入的图片后，就会出现"格式"选项卡。

(5) 视图区：视图区以缩略图的形式显示幻灯片每页的信息，并通过点击进行幻灯片的切换。

(6) 幻灯片工作区：在这里可以进行每页幻灯片的布局和编辑。

(7) 状态栏：状态栏从左到右分别可以显示幻灯片信息、开启备注和批注、调整幻灯片缩放效果。

3. PowerPoint 的基本操作

(1)"保存"与"另存为"。单击"文件"选项卡，可弹出文件菜单，在其中可以选择"保存"命令，保存幻灯片，也可单击"另存为"命令，将幻灯片另存为其他名称或保存在其他位置，如图 5-5 所示。

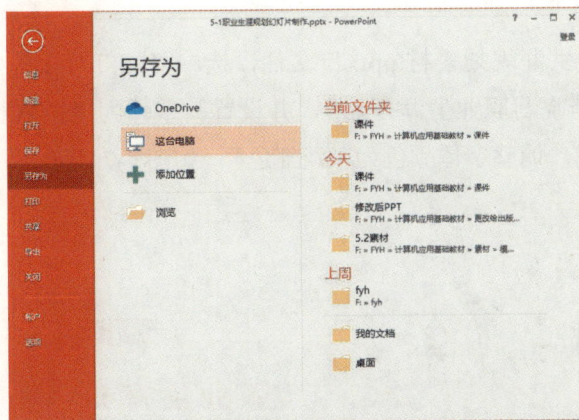

▲ 图 5-5　文件菜单

(2)新建/复制/删除幻灯片。在"幻灯片1"上单击鼠标右键，从弹出的菜单中选择"新建幻灯片"命令或单击 Enter 键，即可创建一个新的幻灯片。若想复制幻灯片，可以从菜单中选择"复制幻灯片"命令，若想删除幻灯片，则可选择"删除幻灯片"命令或按 Delete 键，如图 5-6 所示。

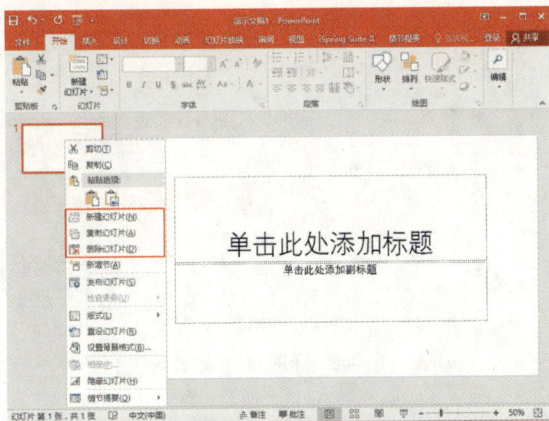

▲ 图 5-6　新建/复制/删除幻灯片

(3)移动幻灯片。选中要移动的幻灯片，按住鼠标左键将其拖动到适当的位置松开鼠标，即可将幻灯片进行移动，此时幻灯片左侧的编号也发生了变化。

任务 2　编辑幻灯片内容

1. 输入标题文字

(1) 打开"职业生涯规划素材.pptx"文件，选中"幻灯片 1"，单击标题占位符，在其中输入文字"李晓莉职业生涯规划"，并设置其字体为"微软雅黑"，字号分别为"72 号"和"54 号"，调整字体颜色为"淡红色"，如图 5-7 所示。

▲ 图 5-7　输入主标题

(2) 单击副标题占位符，在其中输入文字"CAREER PLAN"，调整其字体为"Calibri(正文)"，字号为"48 号"，颜色为"灰色"，排列好主标题与副标题的位置，如图 5-8 所示。

▲ 图 5-8　标题页面文字效果

2. 设计"目录"幻灯片

(1) 选中"幻灯片 1"，单击回车键，插入一个新的幻灯片，删除其中的占位符。单击"插入"选项卡中的"图片"按钮，在弹出的对话框中选择图片文件"装饰.png"，单击"插入"按钮，如图 5-9 所示，即可将图片插入到幻灯片中。

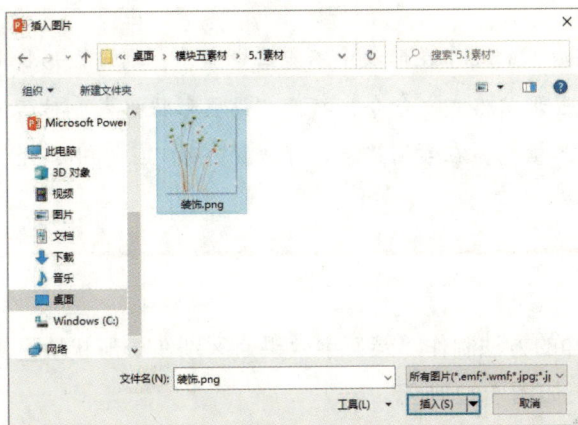

▲ 图 5-9　插入图片

(2) 选中插入的图片，将其调整至左下角位置，并旋转图片，效果如图 5-10 所示。

▲ 图 5-10　调整图片效果

(3) 单击"插入"选项卡中的"形状"按钮，在弹出的菜单中选择"椭圆"，按住 Shift 键在幻灯片中绘制一个正圆。选中正圆，在"格式"选项卡中设置圆形的填充颜色为淡绿色，无轮廓，同时在圆形上单击鼠标右键，在弹出的菜单中选择"编辑文字"命令，输入文字"目"，调整文字字体为"微软雅黑，72 号，加粗"，效果如图 5-11 所示。

▲ 图 5-11　"目"字效果及位置

注：如果输入的文字在形状中不能居中显示，则可在形状上单击右键选择"设置形状格式"命令，打开"设置形状格式"对话框，在左侧单击"文本框"，在右侧将"内部边距"的"上、下、左、右"设置值均调整为0即可。

(4) 用与上步同样的方法制作"录"字效果，区别在于形状填充颜色设置为淡橙色，字号改为 44 号，效果如图 5-12 所示。

▲ 图 5-12　"录"字效果及位置

(5) 单击"插入"选项卡下的"文本框"按钮，在弹出菜单中选择"垂直文本框"，在幻灯片中绘制一个垂直文本框，并输入文字"CONTENTS"，设置字体为"华文细黑，36 号"，调整文本框的位置位于"目"字正下方，如图 5-13 所示。

▲ 图 5-13　CONTENTS 文字效果及位置

(6) 用与 "目" 字同样的方法制作 "01" 序号，并在序号右侧插入横排文本框，输入文字 "职业目标"，字体与字号均可按自己喜欢的样式设置，如图 5-14 所示。

▲ 图 5-14　"职业目标" 文字效果

(7) 同时选中 "01" 序号和 "职业目标" 文字，按 Ctrl + G 键或右键菜单中的 "组合" 命令将其组合在一起。然后按住 Ctrl 键拖动该组合对象，复制出 4 个，并分别更改其文字内容为 "职业兴趣与能力" "实践经验" "自我认知" "生涯路径"，调整其位置与颜色，效果如图 5-15 所示。

▲ 图 5-15　"目录" 页最终效果

注：对齐所有对象时，可将所有对象选中，选中时注意选择的先后顺序，然后单击 "格式" 选项卡中的 "对齐对象" 按钮，可将所有对象排列整齐。

3. 编辑"职业兴趣"幻灯片

(1) 选中"幻灯片 4",打开职业兴趣幻灯片页面。单击"插入"选项卡中的"形状"按钮,选择其中的"矩形",在页面中绘制一个浅灰色矩形,取消轮廓线,如图 5-16 所示。

▲ 图 5-16 绘制浅灰色矩形

(2) 将刚绘制的浅灰色矩形复制,将其长度调整为浅灰色矩形的一半,并调整填充颜色为褐色,左侧与浅灰色矩形对齐,放置在浅灰色矩形上方,并添加"社会型职业"文字,设置字体为"微软雅黑,18 号,白色",如图 5-17 所示。

▲ 图 5-17 添加"社会型职业"文字

(3) 单击"插入"选项卡中的"形状"按钮,选择其中的"椭圆",在页面中按住 Shift 键绘制一个正圆,填充颜色为"褐色",设置圆形的轮廓线为"白色",粗细为"4.5 磅",在其中添加"白色文字,50%",并调整其位置,如图 5-18 所示。

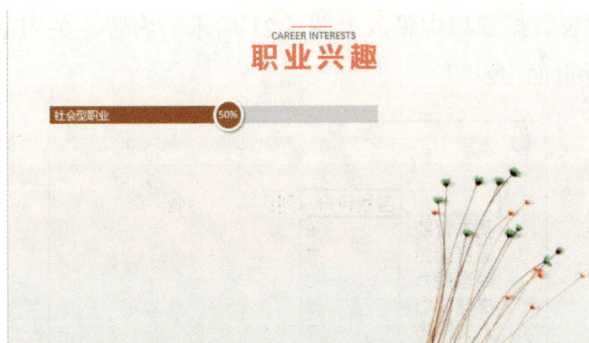

▲ 图 5-18　文字添加 "50%"

(4) 用同样的方法制作其他 "职业兴趣" 内容，颜色可任意调整，最后将所有内容排列整齐即可，效果如图 5-19 所示。

▲ 图 5-19　"职业兴趣" 页面效果

4. 编辑 "职业能力" 幻灯片

(1) 选中 "幻灯片 5"，打开职业能力幻灯片页面。单击 "插入" 选项卡中的 "图表" 按钮，在弹出的 "插入图表" 对话框中选择 "簇状柱形图"，单击 "确定" 按钮，如图 5-20 所示。

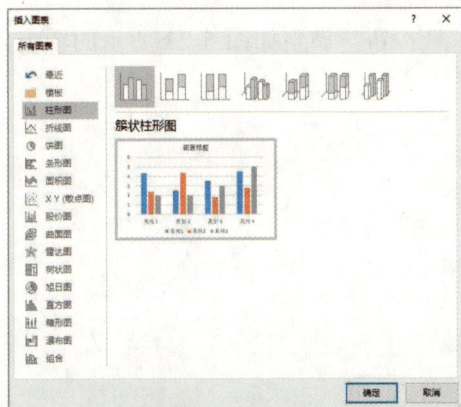

▲ 图 5-20　插入图表

(2) 在弹出的图表数据窗口中输入如图 5-21 所示的内容，关闭窗口后，就会发现图表已经出现在幻灯片页面中。

▲ 图 5-21　图表数据

(3) 选中图表，适当调整图表大小，然后单击图表右侧的 🖌 按钮，分别设置图表的样式与颜色，如图 5-22 所示。

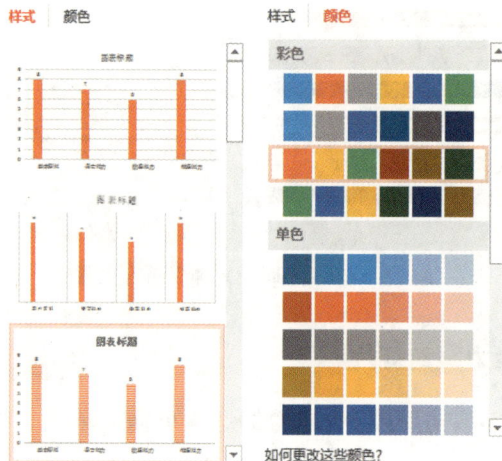

▲ 图 5-22　图表样式与颜色设置

(4) 单击图表右侧的 ➕ 按钮，调整如图 5-23 所示的图表元素，并更改图表标题为"职业能力"。

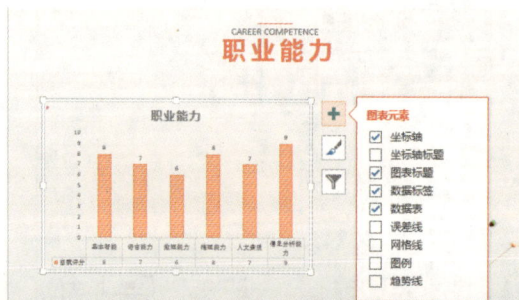

▲ 图 5-23　"职业能力"图表

5. 编辑"实践经验"幻灯片

(1) 选中"幻灯片 6",打开"实践经验"幻灯片页面。单击"插入"选项卡中的"SmartArt"按钮,在弹出的"选择 SmartArt 图形"对话框中选择"流程"中的"重点流程",如图 5-24 所示,单击"确定"按钮,插入 SmartArt 流程图。

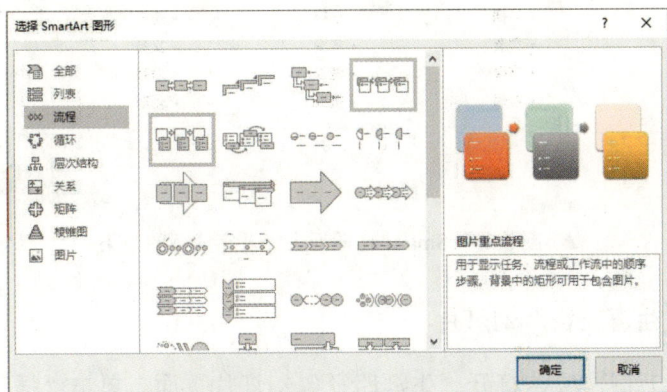

▲ 图 5-24　插入 SmartArt 流程图

(2) 单击选中插入的 SmartArt 图形,在"设计"选项卡中单击"更改颜色"按钮 ,在下拉菜单中选择"彩色-着色",如图 5-25 所示,设置插入的 SmartArt 图形的颜色。

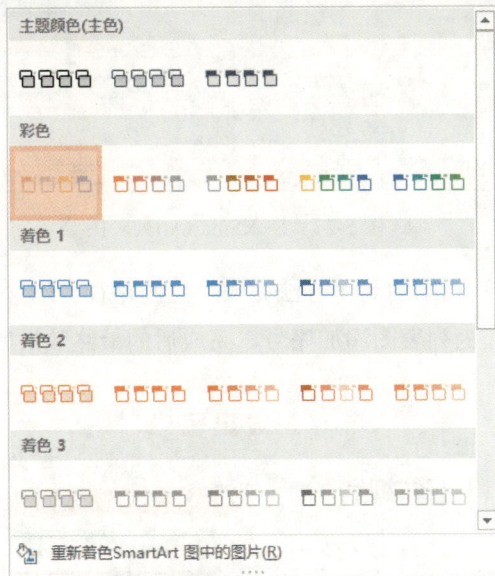

▲ 图 5-25　设置 SmartArt 图形颜色

(3) 单击选中插入的 SmartArt 图形,单击左侧边框上的 按钮,在弹出的对话框中输入如图 5-26 左侧所示的文字,设置后的 SmartArt 图形效果如图 5-26 右侧所示。

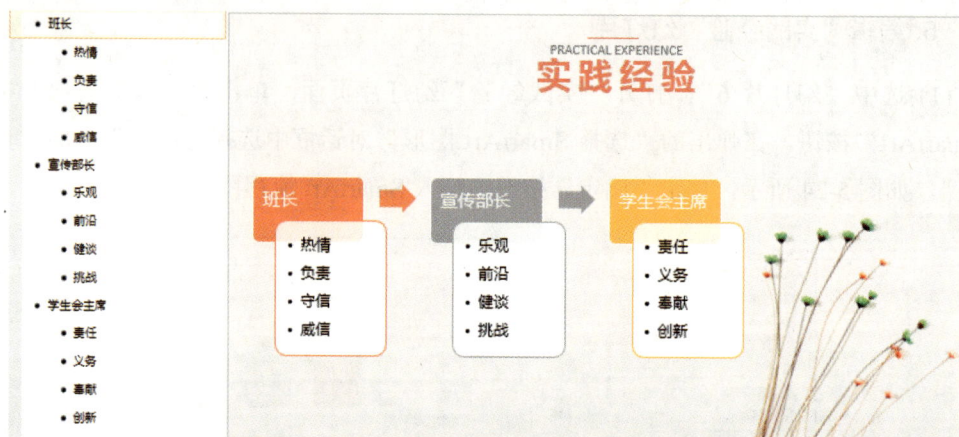

▲ 图 5-26　SmartArt 图形内容及完成后的效果

6. 编辑"生涯路径"幻灯片

(1) 选中"幻灯片 7",打开"生涯路径"幻灯片页面。单击"插入"选项卡中的"SmartArt"按钮,在弹出的"选择 SmartArt 图形"对话框中选择"列表"中的"垂直曲形列表",如图 5-27 所示,单击"确定"按钮,插入 SmartArt 列表图。

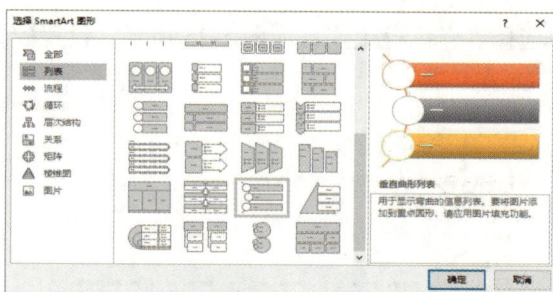

▲ 图 5-27　插入SmartArt列表图

(2) 用与"幻灯片 6"相同的制作方法完成"生涯路径"幻灯片内容和颜色的设计,同时,利用"插入形状"为列表图添加序号,完成后的最终效果如图 5-28 所示。

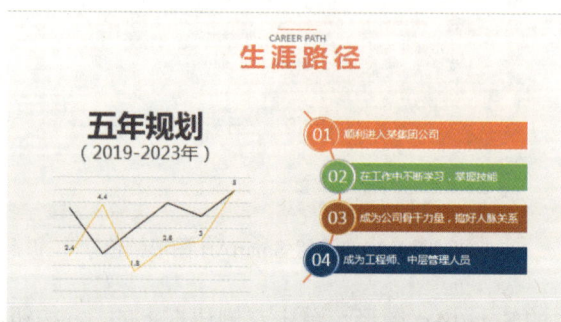

▲ 图 5-28　"生涯路径"幻灯片效果

7. 编辑"自我认知"幻灯片

(1) 选中"幻灯片 8"，打开自我认知幻灯片页面。单击"插入"选项卡中的"表格"按钮，插入"7 行 3 列"的表格，如图 5-29 所示。

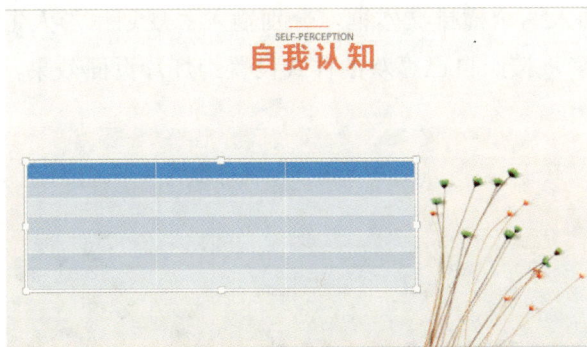

▲ 图 5-29　插入表格

(2) 选中插入的表格，单击"设计"选项卡中的"表格样式"列表，在其中选择"中度样式 2-强调 4"，输入文字并调整表格的大小及位置，如图 5-30 所示。

▲ 图 5-30　表格样式

(3) 用鼠标拖曳的方法将"自我认知"幻灯片调整到"生涯路径"幻灯片的上方，"自我认知"幻灯片最终效果如图 5-31 所示。

▲ 图 5-31　"自我认知"幻灯片效果

8. 设计"致谢"幻灯片

(1) 在"自我认知"幻灯片上单击鼠标右键，从弹出的菜单中选择"复制幻灯片"命令，并将新复制的幻灯片移至最后，删除新幻灯片页面内除装饰图片外的所有内容。

(2) 在页面内插入两个横排文本框，分别输入"规划精彩人生，唯愿前程似锦"和"THANKS"文字，按照自己喜欢的样式设置幻灯片页面效果，设置完成的效果如图 5-32 所示。

▲ 图 5-32 "致谢"幻灯片效果

任务 3 放映幻灯片

1. 从头开始放映

单击"幻灯片放映"选项卡中的"从头开始"按钮，或按 F5 快捷键，即可从第一张幻灯片开始放映。

2. 从当前幻灯片开始放映

(1) 单击"幻灯片放映"选项卡中的"从当前幻灯片开始"按钮，或按 Shift + F5 快捷键，即可从选中的当前幻灯片开始放映。

(2) 从当前幻灯片开始放映，也可以单击 PowerPoint 状态栏中的"幻灯片放映"按钮 🖥️ 。

3. 使用"排练计时"放映

(1) 单击"幻灯片放映"选项卡中的"排练计时"按钮 🕐，在放映页面的左上角会出现如

▲ 图 5-33 排练计时

图 5-33所示的时间显示对话框，可以提醒演讲者共使用了多长时间。

(2) 与正常放映不同的是，当按Esc键结束放映时，会弹出如图 5-34 所示的对话框，此时，若点击"是"按钮，则下次幻灯片会以刚保存的计时方式进行放映，所以，一般情况下我们都会选择"否"。

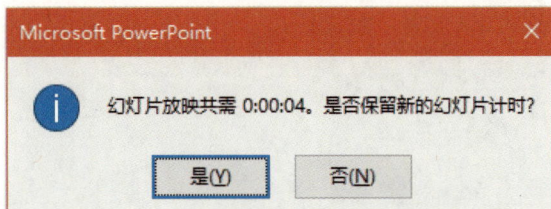

▲ 图 5-34　是否保存"排练计时"时间

项目2　PowerPoint 设计——个人简历幻灯片制作

项目分析

【项目描述】

在初次接触幻灯片的基本操作之后，很多人都会有一些疑问，幻灯片中美轮美奂的背景图片是如何设计出来的呢？在制作的时候是否有更简单的方法进行操作呢？幻灯片中元素的动画效果又是如何实现的呢？本项目我们就以"个人简历"幻灯片的制作过程为例来回答以上的问题。"个人简历"幻灯片实现后的效果如图 5-35 所示。

▲ 图 5-35　个人简历幻灯片样文

【项目目标】

· 掌握幻灯片背景的设计方法(难点)
· 掌握幻灯片母版的使用方法(重点、难点)
· 掌握幻灯片页面的切换方法(重点)
· 掌握动画的设置方法(重点、难点)

项目实现

任务1 幻灯片背景设计

幻灯片背景设计

1. 利用"设计"中的自带背景进行设计

(1) 新建空白演示文稿,并新建两个空白幻灯片页面,然后将其保存。

(2) 单击"设计"选项卡中"主题"区域内的任意一款背景,就会发现幻灯片的标题页面、内容页面背景都会以选定的设计效果呈现。如图 5-36 所示。

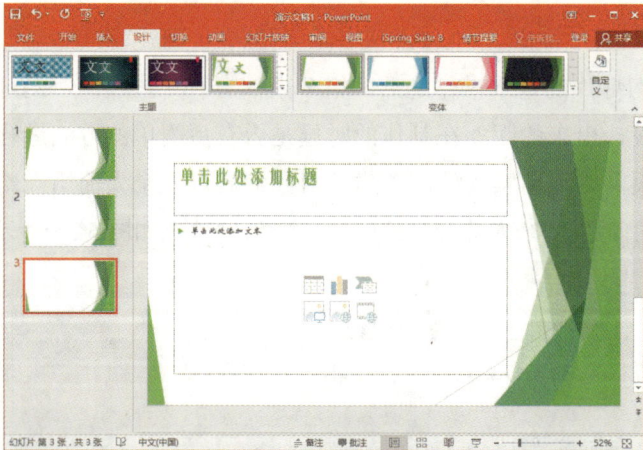

▲ 图 5-36 自带背景设计效果

2. 利用幻灯片母版设计背景

幻灯片母版用于设置幻灯片的样式,可供用户设定各种标题文字、背景、属性等,只需更改一项内容就可更改所有幻灯片的设计。

(1) 打开"个人简历素材"文件，单击"视图"选项卡中的"幻灯片母版"按钮，打开"幻灯片母版"编辑界面，如图 5-37 所示。

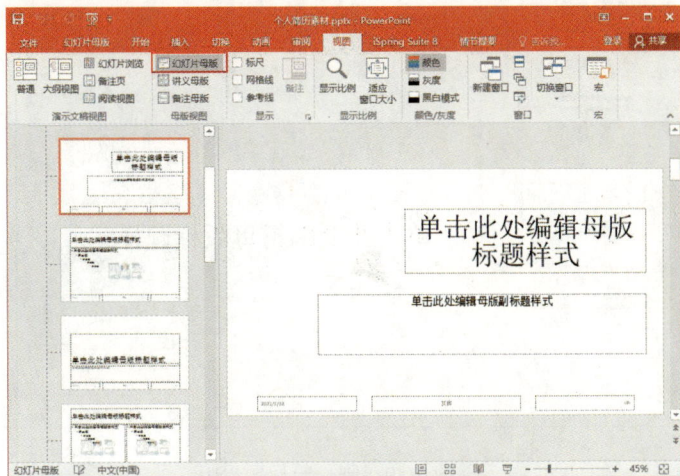

▲ 图 5-37　"幻灯片母版"编辑界面

(2) 单击"标题幻灯片版式"，单击"插入"选项卡中的"图片"按钮，插入"封面"背景素材，调整图片的大小，使其覆盖整个幻灯片页面，然后在图片上单击右键，选择"置于底层"命令，将图片置于占位符的下方，如图 5-38 所示。

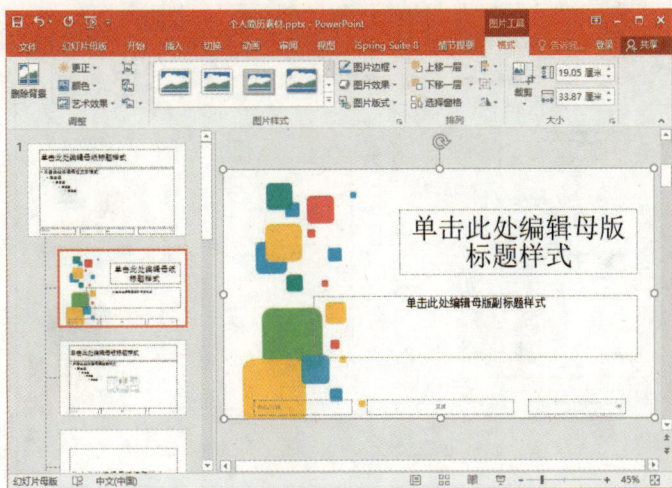

▲ 图 5-38　制作封面母版

(3) 选中"节标题版式"，单击"插入"选项卡中的"图片"按钮，插入"标题"背景素材，调整图片的大小，使其覆盖整个幻灯片页面，然后在图片上单击右键，选择"置于底层"命令，将图片置于占位符的下方，如图 5-39 所示。

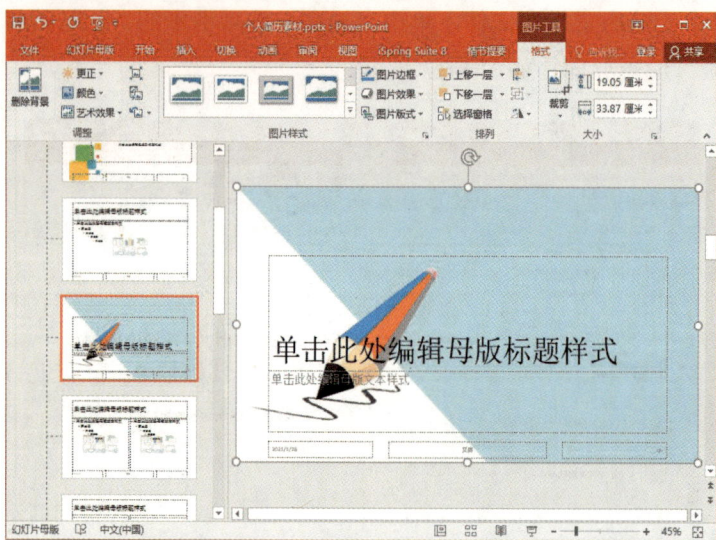

▲ 图 5-39　制作节标题母版

　　(4) 选中"封底版式",删除所有占位符,单击"插入"选项卡中的"图片"按钮,插入"封面"背景素材,调整图片的大小,使其覆盖整个幻灯片页面。选中图片,单击"格式"选项卡下的"旋转对象"按钮,在下拉菜单中选择"水平翻转",效果如图 5-40 所示。

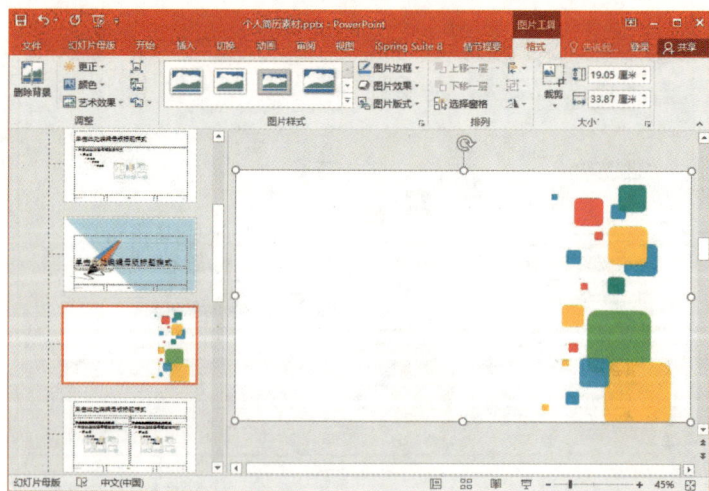

▲ 图 5-40　制作封底版式

　　(5) 选中"Office 主题 幻灯片母版",单击"插入"选项卡中的"图片"按钮,插入所有内容页的背景图片,调整图片的大小,使其覆盖整个幻灯片页面,效果如图 5-41 所示。

▲ 图 5-41 制作内容页背景

(6) 若插入内容页背景后，封面、封底、节标题背景不可见，则可将"幻灯片母版"中的"隐藏背景图形"选项选中，如图 5-42 所示。

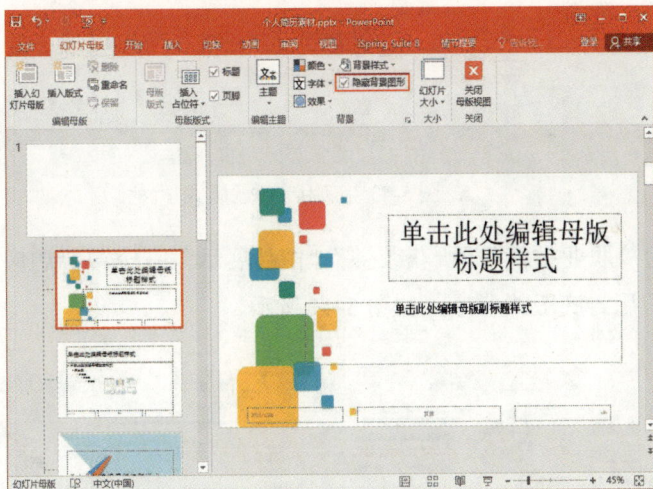

▲ 图 5-42 隐藏背景图形

(7) 设置完所有母版效果后，可单击"幻灯片母版"选项卡中的"关闭母版视图"按钮，退出母版编辑状态。

> 注：若想更改版式的命名，则可在对应的版式上单击鼠标右键，选择"重命名版式"命令，在弹出的对话框中可为该版式命名一个新的名称。

3. 应用幻灯片版式

(1) 选择幻灯片 4，打开个人经历节标题幻灯片页。在该幻灯片上单击鼠标右键，在弹出的菜单中选择"版式"，在下拉菜单中选择"节标题"，即可为当前幻灯片应用节标题背景版式，如图 5-43 所示。

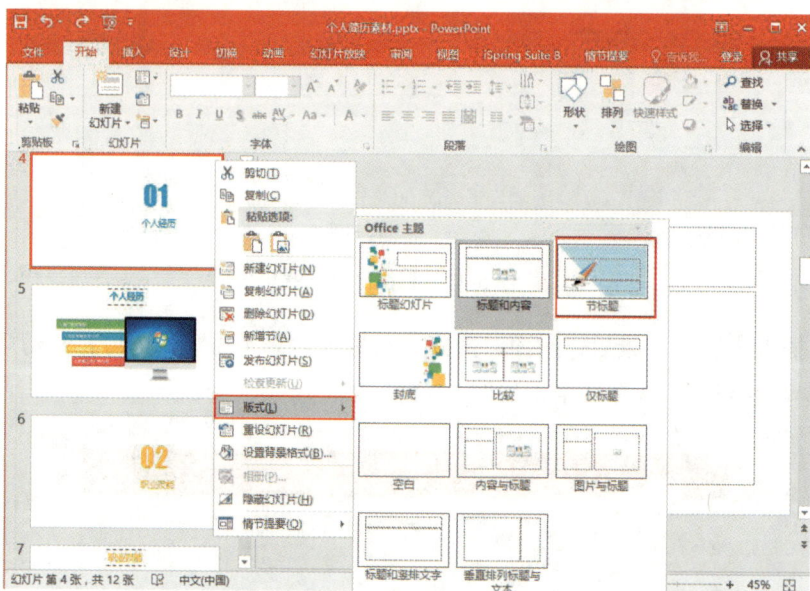

▲ 图 5-43　应用节标题版式

(2) 同理，为"职业技能""所获荣誉""作品展示"三个节标题应用节标题版式背景，为致谢页面应用封底版式背景，如图 5-44 所示。

▲ 图 5-44　所有页面版式应用

任务 2　页面切换效果设计

页面切换效果设计

1. 设置换片效果

(1) 选择"幻灯片 1"，也就是标题幻灯片，单击"切换"选项卡，在"切换到此幻灯片"处展开切换列表，从其中选择任意一个换片效果即可，如本项目中选择的是"动态内容"中的"旋转"效果，如图 5-45 所示。

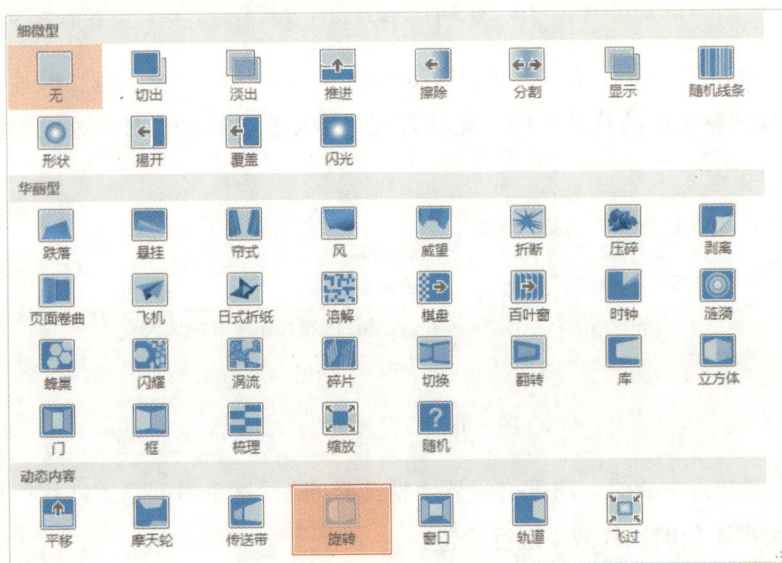

▲ 图 5-45　设置旋转换片效果

(2) 播放幻灯片，可以看到，只有"幻灯片 1"应用了旋转换片效果，其余幻灯片则没有变化。若想为全部幻灯片设置换片效果，可以依次为每页幻灯片设置不同的换片效果，也可以在选择一个换片方式后，单击"切换"选项卡中的"全部应用"，如图 5-46 所示，即可为所有幻灯片设置同一种换片效果。

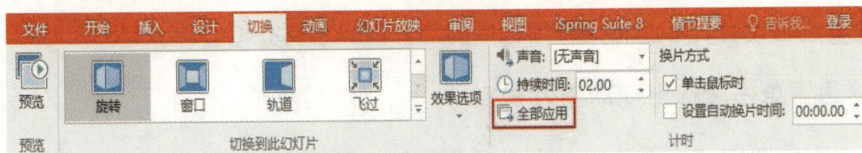

▲ 图 5-46　设置统一换片效果

2. 设置换片方式

(1) 换片方式有两种，一种为单击鼠标时换片，即选择所有要设置鼠标单击换片方式的幻灯片，在"切换"选项卡中"换片方式"处，选中"单击鼠标时"前的复选框，如图 5-47 所示，即可实现单击鼠标换片的方式。这种方式可以保证在放映幻灯片时，换片时间是可随着语速自行控制的。

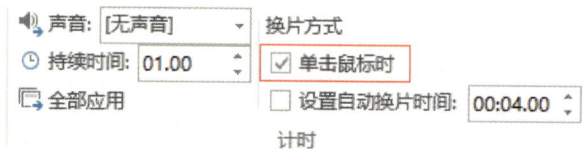

▲ 图 5-47　设置换片方式

(2) 另一种为到时间后自动换片，如图 5-48 所示，选中"设置自动换片时间"前的复选框，同时调整后面的换片时间。此种方式不用单击鼠标，幻灯片播放到了设定的时间时会自动切换。

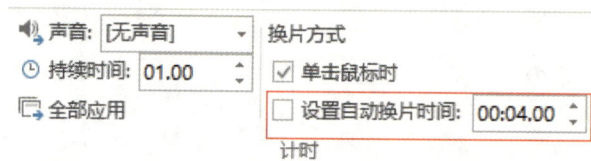

▲ 图 5-48　设置自动换片时间

(3) 在设置换片方式时，可配合设置"持续时间"，这个时间是幻灯片换片效果的持续时间，要根据不同的换片效果进行设置。

任务 3　动 画 设 计

动画设计

常用的动画效果有 4 种：进入、强调、退出、路径动画，它们的设置方法相似，可以根据需要进行设置，下面将结合项目中的部分内容举例介绍。

1. 设置单击鼠标出现动画效果

(1) 选中标题幻灯片中的"个人求职简历"标题文字，单击"动画"选项卡，选择"进入"动画中的"浮入"选项，如图 5-49 所示。

▲ 图 5-49　设置浮入动画效果

(2) 单击"动画"选项卡中的"动画窗格"选项，打开动画窗格，即可看到刚设置的动画效果在动画窗格中已经显示出来，如图 5-50 所示。此时，如果放映幻灯片，会发现标题文字只有单击鼠标时才会出现。

▲ 图 5-50　动画窗格

(3) 选择"Personal resume competition"和"展示个人能力，秀出真实的自我"文字，为其添加"浮入"动画效果，在动画窗格中调整两个动画的出现方式为"从上一项之后开始"，如图 5-51 所示。

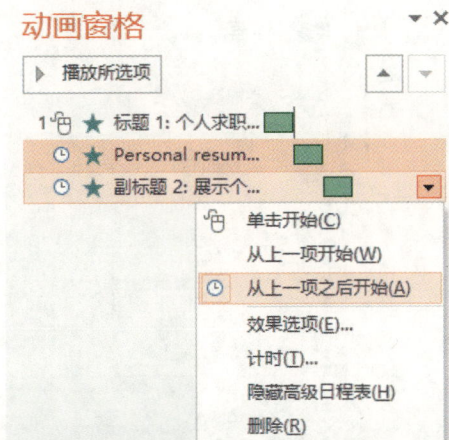

▲ 图 5-51　调整动画出现方式

2. 更多动画及效果选项调整

(1) 单击"个人经历"幻灯片页面，选中给出的四个公司名称，单击"动画"选项卡动画区域下的"更多进入效果"选项，将弹出如图 5-52 所示对话框，从中选择"切入"动画效果，单击"确定"按钮，即可为选中的内容添加切入动画。

▲ 图 5-52　添加切入动画效果

(2) 在动画窗格中，调整所有动画的出现方式为"从上一项之后开始"，此时播放幻灯片会发现，动画的效果与我们想要的效果并不一致。可以单击选项区的"效果选项"下拉列表，选择"自右侧"，即可更改动画的出现方向，如图 5-53 所示。

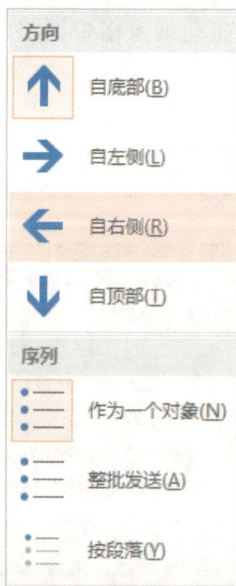

▲ 图 5-53　更改动画效果

3. 动画时间调整

(1) 单击"所获荣誉"幻灯片页面，按住 Shift 键从左到右依次选择五个组合图形，为它们统一设置"擦除"动画，播放方式为"从上一项开始"，并调整效果选项为"自顶部"，如图 5-54 所示。

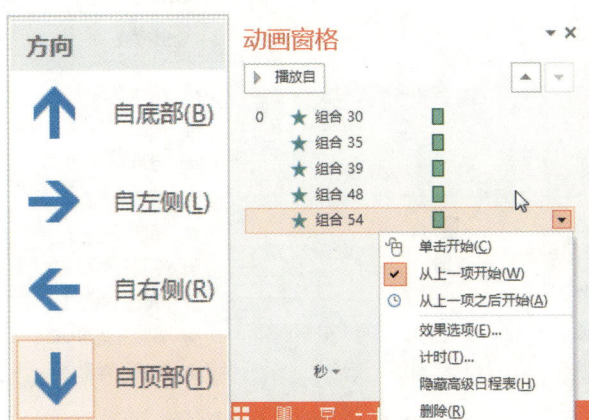

▲ 图 5-54　设置组合图形动画

(2) 在第一个动画上右击鼠标，选择"计时"，在弹出的对话框中设置延迟时间为 0.75 秒，如图 5-55 所示。

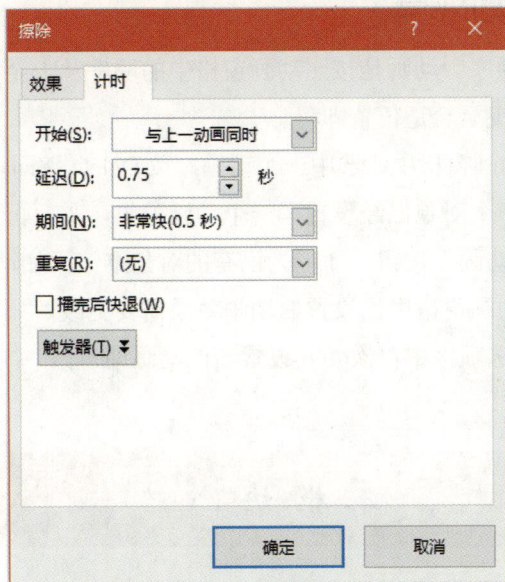

▲ 图 5-55　设置动画的延迟时间

(3) 用同样的方法，为其余的组合图形依次设置延迟时间为1秒、1.25 秒、1.50 秒、1.75 秒，设置后的动画窗格效果如图 5-56 所示。

(4) 用同样的方法为四个等腰三角形依次设置"淡出"动画，播放方式为"从上一项开始"，延迟时间为 2 秒、2.25 秒、2.50 秒、2.75 秒，如图 5-57 所示，这样，"所获荣誉"页面的动画就设置完成了。

▲ 图 5-56　设置动画依次延迟播放效果　　▲ 图 5-57　设置等腰三角形动画

(5) 由于动画的制作方法类似，可参照"个人简历"样文中的动画效果，用上面介绍的方法尝试完成其他动画的制作。

4. 动画制作应注意的问题

(1) 调整动画播放顺序。动画是按照动画窗格中的顺序从上至下依次播放的，若想调整顺序，直接将动画拖曳至合适位置即可。

(2) 删除动画。在动画窗格中，选中一个动画，按 Delete 键即可删除一个动画效果。

(3) 添加动画。若一个对象已经设置了一个动画效果，需要再次为其添加动画时，需要单击选项区的"添加动画"按钮，才能为已有的对象继续添加动画。

(4) 更改动画。若动画窗格中已设置的动画效果需要更改，只需单击动画窗格中要更改的对象名称，然后在选项区中再次为其设置新的动画即可。

本 模 块 小 结

本模块首先介绍了 PowerPoint 的基本界面及幻灯片的基本操作，接下来通过两个项目由浅入深地介绍了 PowerPoint 软件的具体应用，包括如何插入图片、形状、文本框、图表、SmartArt 图形等各种对象，以及如何编辑幻灯片母版和制作动画，这些内容涵盖了日常PPT应用的基本技能，掌握了这些技术，相信大家也能快速地制作出一个精美的演示文稿。

课后习题

一、单选题

1. 一个 PowerPoint 演示文稿是由若干个(　　)组成的。

A．幻灯片　　　　　　　　B．图片和工作表

C．Office 文档和动画　　　D．电子邮件

2. 以下是 PowerPoint 中特有的菜单项的是(　　)。

A．视图　　　　　　　　　B．工具

C．幻灯片放映　　　　　　D．页面布局

3. 在 PowerPoint 中，以文档方式存储在磁盘上的文件称为(　　)。

A．幻灯片　　　　　　　　B．工作簿

C．演示文稿　　　　　　　D．影视文档

4. 在幻灯片中，若需将已有的一幅图片放置在层次标题的背后，则正确的操作方法是：选中图片对象，单击层次次序命令中的(　　)。

A．置于顶层　　　　　　　B．置于底层

C．衬于文字下方　　　　　D．浮于文字上方

5. 关于幻灯片的动画效果，下列说法中不正确的是(　　)。

A．可以为动画效果添加声音

B．可以进行动画效果预览

C．对同一个对象不可以添加多个动画效果

D．可以调整动画效果顺序

6. 幻灯片母版中一般都包含(　　)占位符，其他的占位符可根据版式而不同。

A．图表　　　　　　　　　B．媒体

C．表格　　　　　　　　　D．标题

7. 在幻灯片内部，用(　　)来实现页面之间的跳转，提高对 PPT 的操作效率和交互控制能力。

A．超链接　　　　　　　　B．自动播放

C．点击播放　　　　　　　D．控制播放

8. 修改母版是通过"视图"选项卡中的( )来完成的。

A．母版视图/幻灯片母版　　　　B．母版视图/讲义母版

C．母版视图/备注母版　　　　　D．母版视图/注释

9. PowerPoint 2016 ( )模式可以实现在其他视图中可实现的一切编辑功能。

A．幻灯片视图　　　　　　　　B．大纲视图

C．普通视图　　　　　　　　　D．幻灯片浏览视图

10. 在美化演示文稿版面时，以下不正确的说法是( )。

A．套用模板后，将使整套演示文稿有统一的风格

B．可以对幻灯片的背景进行设置

C．可以对幻灯片的配色方案进行修改

D．无论是套用模板、修改配色方案、设置背景，都只能使各张幻灯片风格统一

二、填空题

11. 在_____视图中浏览 PowerPoint 文档时，用户可以看到整个演示文稿的内容，各幻灯片将以缩略图的形式按次序排列。

12. PowerPoint 2016 演示文稿的扩展名是_____。

13. 按_____快捷键可以结束 PowerPoint 2016 的幻灯片放映但并不关闭 PowerPoint 软件。

14. 按_____快捷键可以从当前幻灯片放映演示文稿。

15. 按_____快捷键可以从第一张幻灯片放映演示文稿。

16) 若想在放映时看到幻灯片的放映时间，应使用_____功能。

三、操作题

17. 学院组织了纪念"一二·九"运动的活动，请收集有关资料，制作以"纪念一二·九运动活动总结"为主题的演示文稿。

18. 学校将组织一次研学活动，为了让所有参与的同学了解研学的详细情况，请设计制作以"黄山旅游研学情况说明"为主题的演示文稿。

模块六

计算机网络应用

　　计算机网络技术是通信技术与计算机技术相结合的产物，在现今互联网+时代，网络已成为人类进行信息交流的重要载体，早已成为人们赖以生存的必备条件。用户可以通过将计算机连入网络，共享网络中的各种资源并进行信息传输，从而实现多种功能。

本模块学习目标

➢　网络基础知识——初识计算机网络

➢　Internet应用——搜索与下载课程网络资源

➢　电子邮箱与网盘应用——发送和存储课程作品

项目1　揭开网络面纱——初识计算机网络

项目分析

【项目描述】

当今信息时代已离不开网络的应用。要使用网络中的资源，首先要了解计算机网络的基本概念及相关知识，通过本项目的学习，能充分了解什么是计算机网络，并学会自行处理简单的上网设置问题。

【项目目标】

- 了解计算机网络的基本概念
- 掌握IP地址、域名系统的相关知识(重点)
- 掌握如何查看及设置 IP 地址(重点难点)
- 能够建立共享工作组并进行协同办公(重点难点)

项目实现

任务1　计算机网络概述

1. 计算机网络定义

计算机网络是计算机技术与通信技术结合的产物，就是把分布在不同地理区域的计算机、终端及其附属设备用通信线路互联成一个规模大、功能强的系统，从而使众多的计算机可以方便地互相传递信息，共享硬件、软件、数据信息等资源。简单来说，计算机网络就是由通信线路互相连接的许多自主工作的计算机构成的集合体。

2. 计算机网络的功能

计算机网络具有信息交流、资源共享、提高计算机的可靠性和可用性以及分布式处理四方面功能。计算机网络的这些重要功能和特点，使得它在经济、军事、生产管理和科学技术等部门发挥重要的作用，成为计算机应用的高级形式，也是办公自动化的主要手段。

(1) 信息交流：信息交流是计算机网络的最基本功能之一，用以实现计算机与终端或计算机与计算机之间传送各种信息。

(2) 资源共享：充分利用计算机系统硬、软件资源是组建计算机网络的主要目标之一。

(3) 提高计算机的可靠性和可用性。

① 提高可靠性表现在计算机网络中的各计算机可以通过网络彼此互为后备机，一旦某台出现故障，故障机的任务就可由其他计算机代为处理，避免了单机无后备机情况下，某台计算机出现故障导致系统瘫痪的现象，大大提高了系统可靠性。

② 提高计算机可用性是指当网络中某台计算机负担过重时，网络可将新的任务转交给网络中较空闲的计算机完成，这样就能均衡各计算机的负载，提高了每台计算机的可用性。

(4) 分布式处理：计算机网络中，各用户可根据需要合理选择网内资源，以就近、快速地处理。对于较大型的综合性问题，可通过一定的算法将任务交换给不同的计算机，达到均衡使用网络资源，实现分布处理的目的。此外，利用网络技术，能将多台计算机连成具有高性能的计算机系统，对解决大型复杂问题，使用计算机系统比用高性能的大、中型机费用要低得多。

3. 计算机网络的组成

计算机网络基本上包括计算机、网络操作系统、传输介质(可以是有形的，也可以是无形的，如无线网络的传输介质就是空间)以及相应的应用软件四部分。

4. 计算机网络的分类

(1) 按地理范围划分：当前获得普遍认可的计算机网络划分标准是按照地理范围进行划分。据此标准，可以把各种网络类型划分为局域网、城域网和广域网。

局域网通常是一个单位、企业的计算机之间为了互相通信，共享某些外部设备如打印机等而组建的、地理区域有限的计算机网络，其通信线路一般使用双绞线或同轴电缆。局域网的特点就是：连接范围窄，用户数少，配置容易，连接速率高。IEEE802标准中定义的局域网包括以太网、令牌环网、光纤分布式接口网络、异步传输模式网以及无线局域网。

城域网(MAN)的覆盖范围介于局域网和广域网之间，可覆盖一个城市，通常使用光纤或微波作为网络的主干通道。

广域网(WAN)覆盖的范围比城域网更广，一般用于将不同城市之间的 LAN 或者 MAN 网络实现互联，地理范围可从几百千米到几千千米，其通信传输装置一般由电信部门提供。

(2) 按物理连接方式划分：计算机或设备通过传输介质在计算机网络中形成的物理连接方式称为网络拓扑结构。按拓扑结构划分，计算机网络有星型、树型、总线型、环型和网状型。

(3) 按传输介质划分：网络传输介质是指在网络中传输信息的载体。根据传输介质的不同，计算机网络分为有线网和无线网两大类。其中，有线网采用双绞线、同轴电缆和光纤作为传输介质；无线网采用红外线、微波和光波作为传输载体。

任务 2　IP 地址和域名系统

1. IP 地址

Internet 中分配给每台主机或网络设备的一个 32 位二进制数字标识称为 IP 地址，即 IPv4。一个 IP 地址由 4 字节(32 bit)组成，中间使用符号"."隔开，称为"点分十进制表示法"，其中每个字节可用一个十进制数来表示。每个字节的数字由 0～255 的数字组成。例如 192.168.1.11 就是一个 IP 地址。

IP 地址通常可分成两部分，第一部分是网络位，第二部分是主机位。根据网络规模和应用的不同，IP 地址分为 A、B、C、D 和 E 共 5 类，其中常用的是 A、B、C 三类。

(1) A 类 IP 地址。一个 A 类 IP 地址由 1 个字节(每个字节是 8 位)的网络地址和 3 个字节的主机地址组成，网络地址的最高位必须是"0"，即第一段数字范围为 0～127，常用于大型网络。

(2) B 类 IP 地址。一个 B 类 IP 地址由 2 个字节的网络地址和 2 个字节的主机地址组成，网络地址的最高位必须是"10"，即第一段数字范围为 128～191，常用于中型网络。

(3) C 类 IP 地址。一个 C 类 IP 地址是由 3 个字节的网络地址和 1 个字节的主机地址组成，网络地址的最高位必须是"110"，即第一段数字范围为 192～223，常用于小型网络。

(4) D 类 IP 地址。D 类 IP 地址常用于多点播送。第一个字节以"1110"开始，第一个字节的数字范围为 224~239，是多点播送地址，用于多目的地信息的传输和作为备用。全零("0.0.0.0")地址对应于当前主机，全"1"的 IP 地址("255.255.255.255")是当前子网的广播地址。

(5) E 类 IP 地址。E 类 IP 地址的第一个字节以"1111"开始，即第一段数字范围为 240~254。E 类地址保留，仅用于实验和开发。

> 注：由于 IPv4 提供的网络地址资源有限，随着网络的迅速发展，已不能满足用户的需要。因此，提出了用于替代现行版本 IP 协议(IPv4)的下一代IP 协议，即 IPv6，采用 128 位地址长度，不仅能解决网络地址资源数量的问题，而且也解决了多种接入设备连入互联网的障碍。

2. 子网掩码

子网掩码不能单独存在，它必须结合 IP 地址一起使用。子网掩码只有一个作用，就是将某个 IP 地址划分成网络地址和主机地址两部分，其设定必须遵循一定的规则。与 IP 地址相同，子网掩码的长度也是 32 位，左边是网络位，用二进制数字"1"表示；右边是主机位，用二进制数字"0"表示。默认情况下，A、B、C 三类网络的子网掩码分别是 255.0.0.0、255.255.0.0 和 255.255.255.0。

3. 网关

网关是一个网络通向其他网络的 IP 地址。在没有路由器的情况下，两个网络之间是不能进行 TCP/IP 通信的，即使是两个网络连接在同一台交换机(或集线器)上，TCP/IP 协议也会根据子网掩码(255.255.255.0)判定两个网络中的主机处在不同的网络里，而要实现这两个网络之间的通信，则必须通过网关。

如果网络 A 中的主机发现数据包的目的主机不在本地网络中，就把数据包转发给它自己的网关，再由网关转发给网络 B 的网关，网络 B 的网关再转发给网络B的某个主机。

现在主机使用的网关，一般指的是默认网关。默认网关的意思是一台主机如果找不到可用的网关，就把数据包发给默认网关，由这个网关来处理数据包。默认网关必须是电脑自己所在的网段中的 IP 地址，而不能填写其他网段中的 IP 地址。如 IP 地址为 10.41.14.100，则其默认网关常设置为 10.41.14.254。

4. 域名系统

由于数字形式的地址难以记忆，因此在实际使用时采用字符形式来表示 IP 地址，即域名系统(Domain Name System 缩写 DNS)，能够更方便地访问互联网。

域名系统由若干子域名构成，它们之间用圆点"．"隔开，并采用"主机名．三级域名．二级域名.顶级域名"的形式，以标识 Internet 中某一台计算机或计算机组的名称。

(1) 顶级域名：顶级域名采用国际上通用的标准代码，分为组织机构和地理模式两大类。机构域名包括表示商业机构的 com、表示网络提供商的 net、表示教育机构的 edu 等；地理域名使用 ISO3166 中指定的国家代码，例如 cn 代表中国，uk 代表英国，fr 代表法国。

(2) 二级域名：我国的二级域名又分为类别域名和行政区域名两类。类别域名共 6 个，例如.com 用于企业，.edu 用于教育机构，.gov 用于政府机构，.mil 用于军事部门，.net 用于互联网络及信息中心，.org 用于非营利性组织等。行政区域名有 34 个，分别对应于我国各省、自治区和直辖市。例如，jlu.edu.cn 是一个域名地址，其中 jlu 代表吉林大学，edu 表示教育机构，cn 表示中国。

(3) 三级域名：三级域名用字母(A～Z，a～z 等)、数字(0～9)和连接符(－)组成，长度不得超过 20 个字符。

5. 域名解析

由于机器之间只认 IP 地址，因此要由专门的域名解析服务器 DNS (域名系统)将域名地址转换为 IP 地址，这个过程称为域名解析。每台 DNS 服务器中保存着自身网络内部所有主机的域名和对应的 IP 地址。

6. 查看网络标识及设置 IP 地址

(1) 右击桌面上的"此电脑"图标，在弹出的快捷菜单中选择"属性"命令，在"系统"窗口中，可查看计算机在网络上的名称及工作组，如图 6-1 所示。

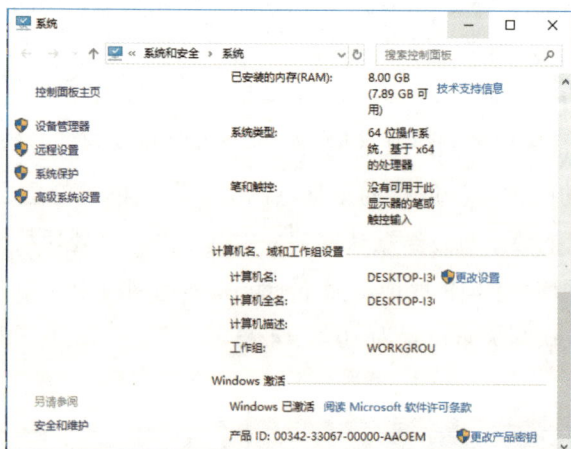

▲ 图 6-1　计算机名称及工作组

(2) 单击任务栏中的"网络"图标，选择"网络和 Internet 设置"，选择右侧的"查看网络属性"，可以看到当前网络的基本设置。若选择"更改适配器"选项，在弹出的"网络连接"窗口中，右击"WLAN"，选择"属性"，选择"Internet 协议"，单击"属性"，即可在打开的"Internet 属性"对话框中进行操作。如图 6-2 所示。

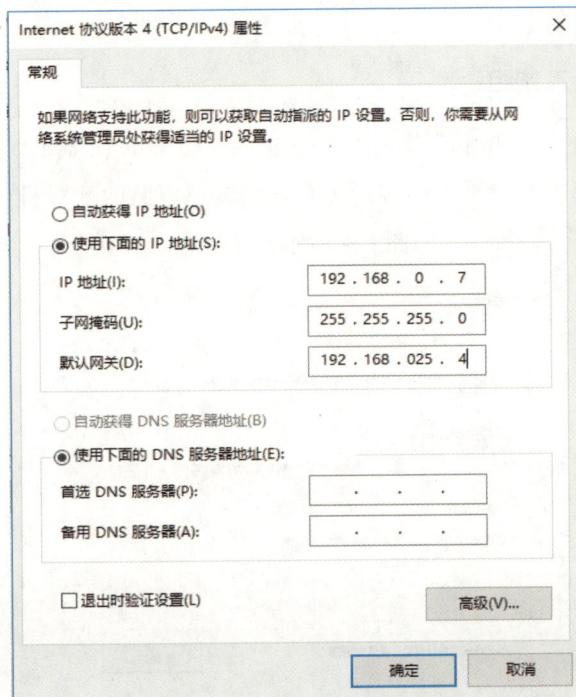

▲ 图 6-2　设置本机的IP地址

(3) 单击任务栏中的"搜索"按钮，输入"cmd"命令，打开"命令提示符"窗口，输入"ipconfig"命令，按Enter 键，在界面上可查看 IP 地址、子网掩码和默认网关等信息，如图 6-3 所示。

▲ 图 6-3　用ipconfig命令查看IP地址

任务 3　文件共享设置

1. 设置同一个工作组

(1) 右击桌面上的"此电脑"图标，在弹出的快捷菜单中选择"属性"命令，在"系统"窗口中，单击"更改设置"链接，可查看到自己电脑的计算机全名和工作组，这是后面进行网络访问要用的名称，如图 6-4 所示。

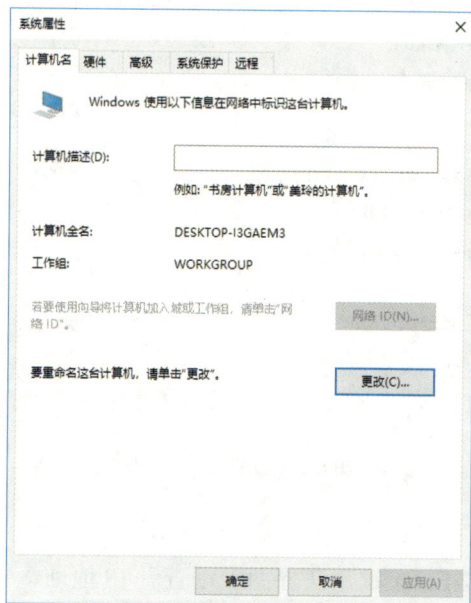

▲ 图 6-4　系统属性窗口

(2) 重命名计算机名和工作组。在"系统属性"对话框中，单击"计算机名"选项卡中的"更改"按钮，打开"计算机名/域更改"对话框，在"计算机名"文本框中可自定义计算机名称，如"mycomputer-PC"，单击选中"工作组"单选项，在下方的文本框中将资源共享的计算机设置为同一个工作组，单击"确定"按钮，如图 6-5 所示，即可更改自己的计算机名称和工作组名称。

2. 设置高级共享

(1) 打开"控制面板"窗口，单击"网络和 Internet"，再单击"网络和共享中心"，单击"更改高级共享设置"超链接，如图 6-6 所示。

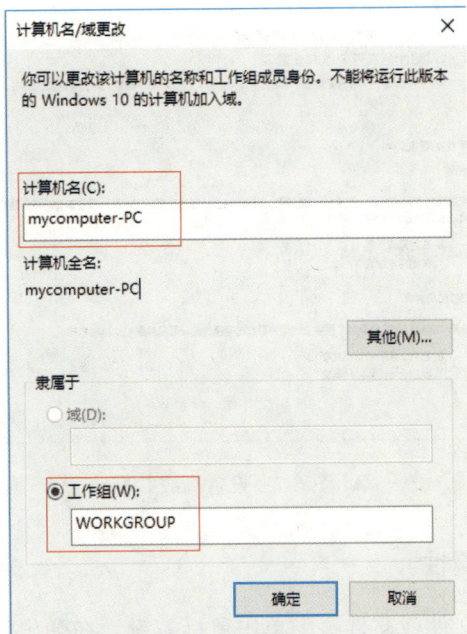

▲ 图 6-5　更改计算机名和工作组

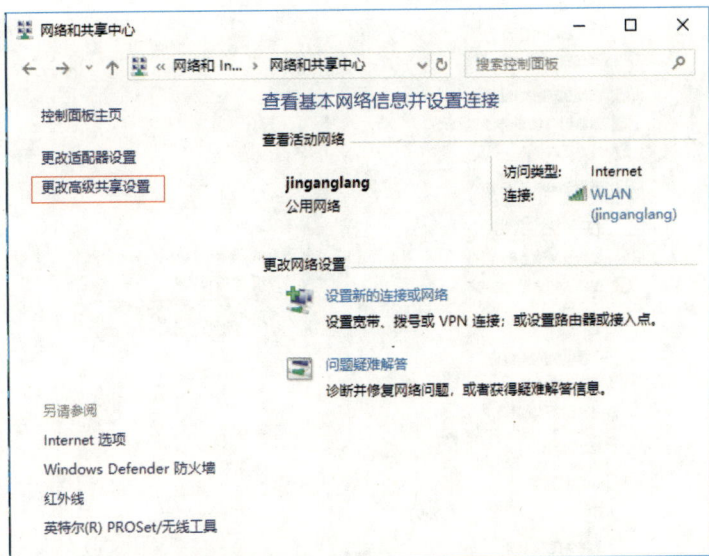

▲ 图 6-6　单击更改高级共享设置

(2) 在"高级共享设置"窗口中单击选中"启用网络发现"和"启用文件和打印机共享"单选钮，在"所有网络"中"关闭密码保护共享"，单击"保存更改"按钮，如图 6-7 所示。

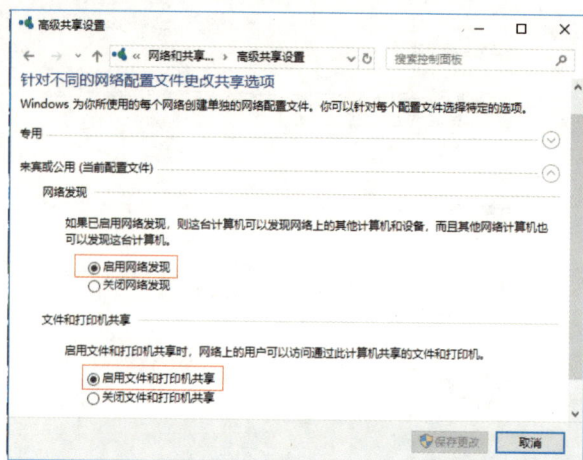

▲ 图 6-7　设置高级共享

3. 设置文件共享属性

(1) 在要进行共享的文件或文件夹上单击鼠标右键，在弹出的快捷菜单中选择"授予访问权限/特定用户"选项，如图 6-8 所示。

▲ 图 6-8　打开文件共享

(2) 在打开的"网络访问"对话框中，"选择要与其共享的用户"下拉列表框中选择一个用户名称(通常可选择"Everyone")，然后单击"添加"按钮，选择的用户将显示在下方的列表框中并呈选中状态，如图 6-9 所示。

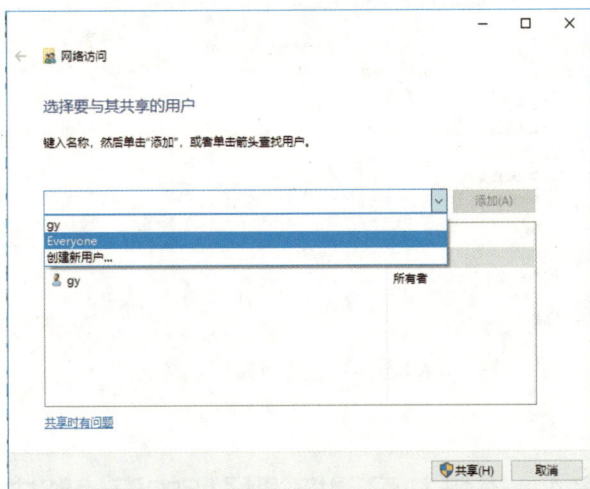

▲ 图 6-9   添加共享用户

(3) 单击"权限级别"下的下拉按钮，在打开的列表中选择访问权限，完成后单击"共享"按钮，如图 6-10 所示。

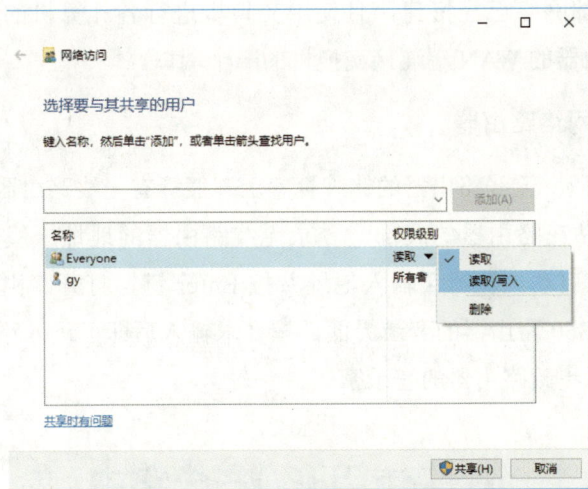

▲ 图 6-10   设置共享权限

4. 访问共享资源

在任务栏的"搜索"按钮上输入"\\DESKTOP-I3GAEM3"命令，即"\\"后面加的是想要访问的计算机名称，在打开的窗口中会显示被访问计算机中的共享文件夹，双击打开文件夹，即可在其中进行相关操作，如图 6-11 所示。

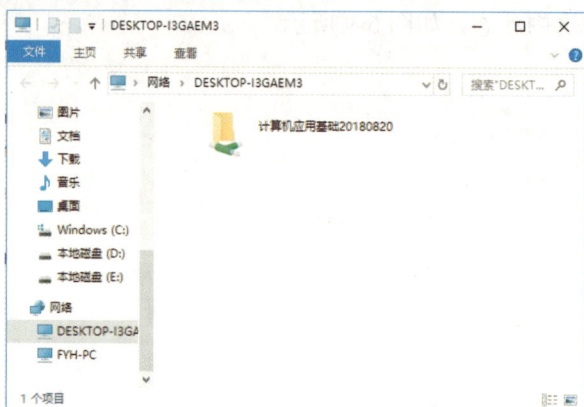

▲ 图 6-11　访问共享资源

任务4　连接并配置授课场所的无线路由器

1. 连接无线路由器

授课场所的外部网络已经搭建，且使用交换机进行各计算机的分配，要连接无线网，只需将无线路由器的 WAN 端连接交换机的一个端口。

2. 设置无线网络路由器

(1) 创建登录密码。无线路由器的铭牌标签上一般标有无线路由器的默认登录网址、用户名和密码，常贴在路由器的底部。登录无线路由器的地址一般为"192.168.1.1"或"192.168.0.1"。启动浏览器，输入地址并按 Enter 键，打开路由器的登录页面，如图 6-12 所示，即为 360 路由器的登录界面，按要求输入后即可进入路由器的设置界面，在设置界面中，可以更改路由器的登录密码。

▲ 图 6-12　360路由器登录界面

(2) 设置无线密码。打开"无线设置"界面，在"无线名称"和"无线密码"文本框中分别输入无线网络的名称和密码，如图 6-13 所示，单击"确定"按钮即可。

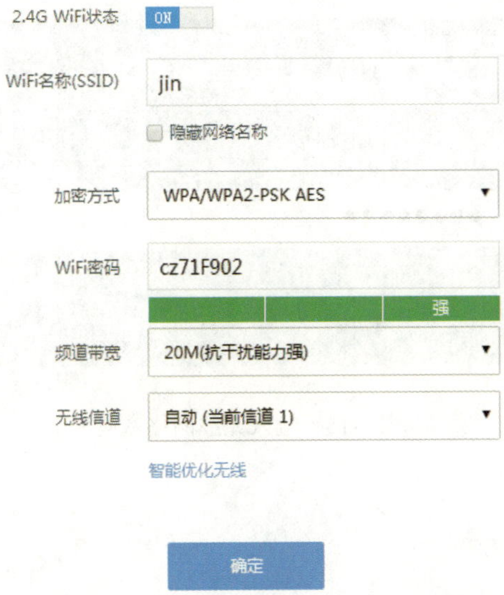

▲ 图 6-13 设置无线用户名和密码

3.连接无线网络

(1) 单击计算机系统桌面任务栏通知区域中的网络图标，在打开的界面中将显示计算机搜索到的无线网络。

(2) 在设置的无线网络名称选项上单击鼠标左键，展开网络选项后，单击选中"自动连接"复选框，单击"连接"按钮，如图 6-14 所示。

▲ 图 6-14 登录无线网络

(3) 在"输入网络安全密钥"文本框中输入设置的无线密码，如图 6-15 所示，单击"下一步"按钮连接网络，连接成功后，网络选项中显示"已连接，安全"文字。

▲ 图 6-15　输入无线网络密码

4. 控制无线网络的接入

(1) 查看连接设备：打开路由器的登录页面，输入登录密码、进入路由器的管理页面，在"连接设备管理"界面中可查看连接网络的设备，如图 6-16 所示。

▲ 图 6-16　查看连接设备

(2) 禁止设备接入网络：在"已连设备"选项卡的对应设备右侧单击"禁用"按钮可禁止该设备连接无线网络。

(3) 允许设备连接网络：禁用设备接入网络后，单击"已禁设备"选项卡，在设备选项中单击"解禁"按钮，可设置允许该设备连接无线网络。

项目2 网络资源使用——搜索与下载课程网络资源

项目分析

【项目描述】

网络上资源十分丰富，搜索信息和下载资源是上网时经常用到的技能。本项目指导大家通过网络搜索寻求学习中遇到问题的答案，通过网络下载需要的软件并安装，通过网络找到常用文档格式和范文，通过网络搜索和下载指定主题相关的文字、图片、视音频资源等，完成主题文档的设计与制作，从而提高获取和利用文献信息的能力，为今后的学习工作打好基础。

【项目目标】

- 了解 Internet 和万维网
- 掌握 IE 浏览器的使用方法(重点)
- 掌握 Internet 的搜索技巧(重点难点)
- 能够搜索正确的网络资源帮助学习(难点)

项目实现

任务1 Internet 和万维网

1. Internet

Internet 中文译为因特网，也称国际互联网，它是一个建立在网络互联基础上的、全球最大、连接能力最强、开放的、由遍布全世界的众多大大小小的网络相互连接而成的计算机网络，是当今世界上最大的计算机网络通信系统，所有使用 TCP/IP 协议的计算机都可加入到 Internet 中，实现资源共享和相互通信。Internet 提供的基本服务方式如下：

(1) 信息检索。WWW 的含义是环球信息网(World Wide Web，简称万维网)，是目前最受欢迎的一种 Internet 服务，它使得用户可以通过 Web 浏览器实现信息的浏览，是目前用户获取信息的最基本手段。

(2) E-mail。电子邮件也称 E-mail，是一种用户间利用电子手段进行信息收发的通信方式，电子邮件作为快速、简便、可靠且成本低廉的现代通信手段，是 Internet 上使用最广泛的服务。

(3) FTP 文件传输服务。FTP 文件传输服务是指计算机网络上的主机之间在文件传输协议(File Transfer Protocol，FTP)的支持下进行文件的相互传送，是 Internet 上最重要的 Internet 服务之一。

(4) 远程登录。远程登录是指在 Telnet 协议的支持下，使本地计算机暂时成为远程计算机访问终端的过程。在使用远程登录时，用户需要知道远程计算机的域名或 IP 地址、用户名及密码，登录成功后，就可使用远程计算机的资源及设备了。

2. 万维网

万维网即 WWW，是一种基于超文本的、方便用户在因特网(Internet)上搜索和浏览信息的信息服务系统。它基于以下 3 个机制向用户提供资源。

(1) HTTP 协议。HTTP 协议(Hyper Text Transfer Protocol，超文本传输协议)是用于从 WWW 服务器传输超文本到本地浏览器的传送协议，是互联网上应用最为广泛的一种网络协议，所有的 WWW 文件都必须遵守这个标准。

(2) URL 地址。万维网采用 URL(Uniform Resource Locator，统一资源定位符)来标识 Web 上的页面和资源，URL 是互联网上资源位置和访问方法的一种简洁表示，是互联网上标准资源的地址，具有唯一性。

(3) HTML。HTML(Hyper Text Markup Language，超文本标记语言)用于创建网页文档。HTML 文档是使用 HTML 标记和元素创建的，此类文件以扩展名 htm 或 html 保存在 Web 服务器上。

任务 2　Internet Explorer 浏览器使用

Internet Explorer 简称 IE，又称 Web 客户端程序，用于获取 Internet 上的信息资源，是微软公司开发的基于超文本技术的 Web 浏览器，Windows 10 系统预设的 IE 版本是 11，其浏览器的界面如图 6-17 所示。

▲ 图 6-17　IE 浏览器界面

地址栏：地址栏用于输入或显示当前网页的地址，即网址。单击其右侧的按钮，可在弹出的列表中快速访问曾经浏览过的网页。

网页选项卡：在同一个浏览器窗口中打开多个网页，每打开一个网页对应增加一个选项卡标签，单击相应的选项卡标签可在打开的网页之间进行切换，网页浏览区中将显示该网页内容。

网页浏览区：网页浏览区是浏览网页的主要区域，用于显示当前网页的内容，包括文字、图片和视频等各种信息。

1. 浏览网页

(1) 使用地址栏。在浏览器的地址栏中输入要访问网页的地址，如 "http://www.cvit.com.cn" 然后按 Enter 键，即可进入网站。

> 注：如果协议类型是 HTTP，输入时可以省略，IE 浏览器会自动加上。将鼠标指针移至网页上具有超链接的文字或图形上，鼠标指针会变成手形，此时单击鼠标可以跳转到另一个页面。

(2) 选择访问过的页面。单击选项卡右侧的下拉箭头按钮 ∨ ，将显示所有页面的缩略图，可以快速选择之前曾经访问过的页面。

(3) 打开历史记录。如果不小心关闭了浏览器，再次打开时，可以单击中心按钮 ⊱ 中的历史记录，即可找到关闭前访问过的页面。

2. 添加笔记

在页面上有一个添加笔记 ✎ 按钮，单击后可以在喜欢的页面上直接进行标记，并且保存，便于记录重点内容，如图 6-18 所示。

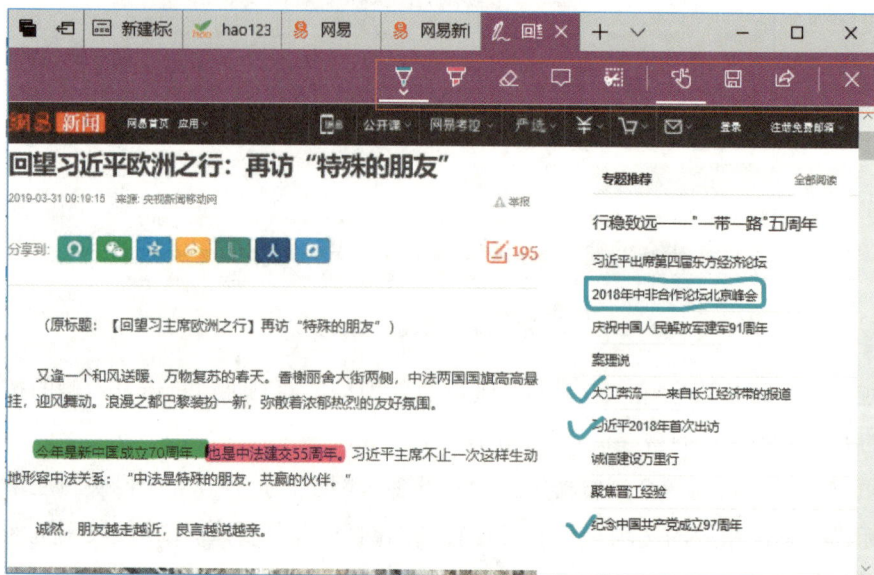

▲ 图 6-18　添加笔记

3. 使用和整理网页

(1) 收藏自己喜欢的网站：打开喜欢的网站，单击地址栏右侧的 ☆ 按钮，即可将此网页的网址添加到"收藏夹"或"阅读列表"中。

(2) 使用收藏的网址：在工具栏中单击中心 ≒ 按钮，选择"收藏夹"或"阅读列表"，所有收藏的网址将以列表的形式显示出来，单击要浏览的网址，即可打开相应的网页。

(3) 整理收藏页面：收藏的网页多了，收藏地址列表中就会显得杂乱无章。可以对收藏夹进行整理，以便于查阅。在"收藏夹"面板中，单击"创建新的文件夹"按钮 ▭，可以将收藏的内容分类拖放到不同的文件夹中。

4. 管理IE浏览器

单击中心按钮 ≒ 中的设置 ⚙ 按钮，可在其中添加新的页面，导入其他浏览器收藏夹中的信息，清除浏览过的数据，以及进行账户设置，用以在 Windows 设备之间同步数据。

任务 3　Internet 的搜索技巧

1. Internet 搜索信息的方法

(1) 使用IE浏览器的搜索功能：在搜索框中输入查找关键字，例如"RANK 函数用法"，然后单击"搜索"按钮，搜索到的相关网址就会显示在工作窗口中，单击其中的超链接，即可打开相应的网页。

(2) 使用搜索引擎：搜索引擎是一个提供信息检索服务的网站，它使用某些软件程序把 Internet 上的信息进行归类或者人为地将某些数据归入某个类别中，形成一个可供查询的大型数据库。常见的搜索引擎如图 6-19 所示，其网址如下：

百度：http://www.baidu.com

新浪搜索：http://www.search.sina.com.cn

搜狗搜索：http://www.sogou.com

其中，百度是目前全球最大的中文搜索引擎，也是重要的中文信息检索与传递技术供应商，中国所有具备搜索功能的网站中，由百度提供搜索引擎技术的超过 80%。

▲ 图 6-19　常见搜索引擎

2. 使用逻辑搜索

逻辑搜索是指将关键字通过某种表达式提交给搜索引擎，可准确地查找相关资料。常见的逻辑搜索有逻辑"与"、逻辑"或"和逻辑"非"。

(1) 逻辑"与"搜索：逻辑"与"搜索在关键字之间加入空格，语法是"AB"，表示搜索既要有关键字 A 又要有关键字 B 的网页。例如：利用百度搜索引擎查找 1978 年 12 月 18 日的人民日报，可输入"人民日报 1978 年 12 月 18 日"，如图 6-20 所示。

▲ 图 6-20 逻辑"与"搜索

(2) 逻辑"或"搜索：逻辑"或"搜索在关键字之间加入"|"，语法是"A|B"，表示搜索或者包含关键字 A，或者包含关键字 B 的网页。逻辑"或"搜索可提高检索的全面性。例如，计算机、电脑和 computer 是同义词，输入"计算机|电脑|computer"，可快速检索相关的资料，如图 6-21 所示。

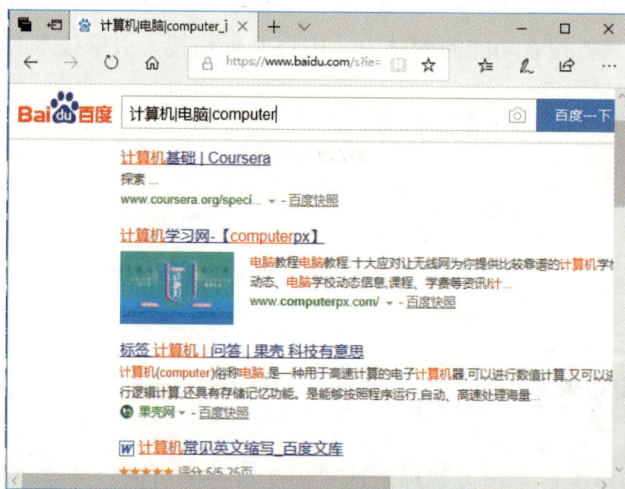

▲ 图 6-21 逻辑"或"搜索

(3) 逻辑"非"搜索：逻辑"非"搜索在关键字之间加"-"(减号)，但在减号前需要留一个空格，否则，减号会被当成字符处理，而失去其语法功能。减号与后一个关键字之间有无空格均可，语法是"A－B"，表示搜索从关键字 A 中排除关键字 B 的网页。例如，利用百度搜索引擎查找关于"明清小说"但不含"四大名著"的资料，可输入"明

清小说 – 四大名著",如图 6-22 所示。

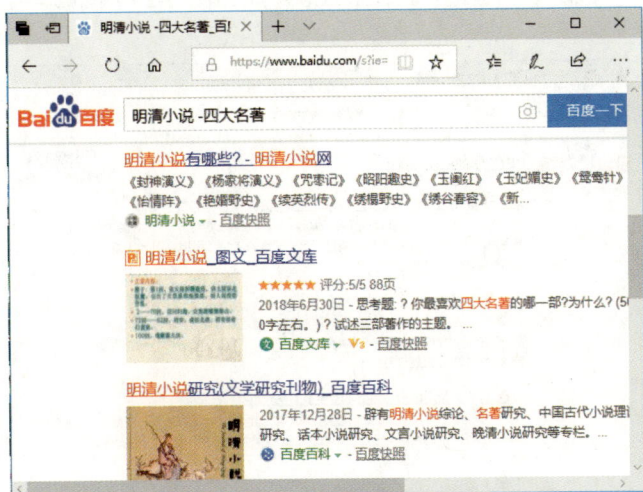

▲ 图 6-22 逻辑"非"搜索

3. 使用"intitle:"搜索

"intitle:"搜索把查询内容限制在网页标题中。"intitle:"与后面的关键字之间不能有空格。如,利用百度搜索查找去美国留学的信息,可输入"出国留学 intitle:美国",如图 6-23 所示。

▲ 图 6-23 "intitle:"搜索

4. 使用"filetype:"搜索

"filetype:"搜索表示对搜索对象的文档格式进行限制,冒号后是文档格式,如

PDF、DOC 等，便于查找特定信息，尤其是学术领域的信息。例如利用百度搜索查找电工学的 Word 文档，可输入"电工学 filetype:doc"，如图 6-24 所示。

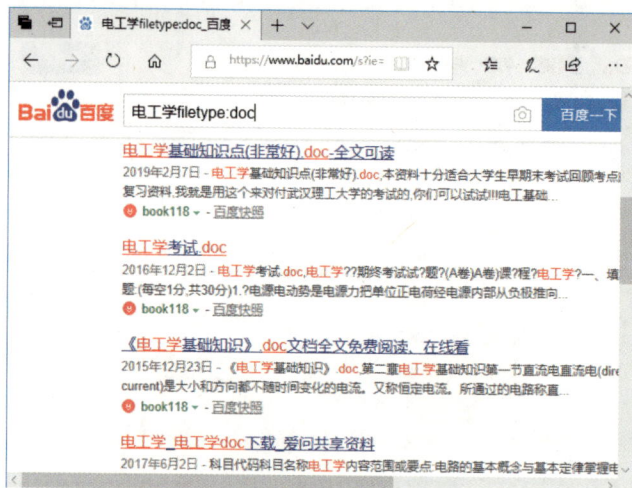

▲ 图 6-24　"filetype:"搜索

5. 书名号《》搜索

这是百度独有的特殊查询语法，表示精确匹配电影或小说。例如，利用百度搜索"手机"，若不加书名号，很多情况下出来的结果是手机这种通信工具，而加上书名号后，搜索"《手机》"的结果就表示电影或电视剧了，如图 6-25 所示。

▲ 图 6-25　书名号《》搜索

6. 双引号""搜索

在查询词两边加上双引号""则表示查询词不能被拆分，在搜索结果中必须完整出现，可以对查询词精确匹配。例如：利用百度搜索"中国女足"，则"中国女足"四个字不能被拆分，如图 6-26 所示。

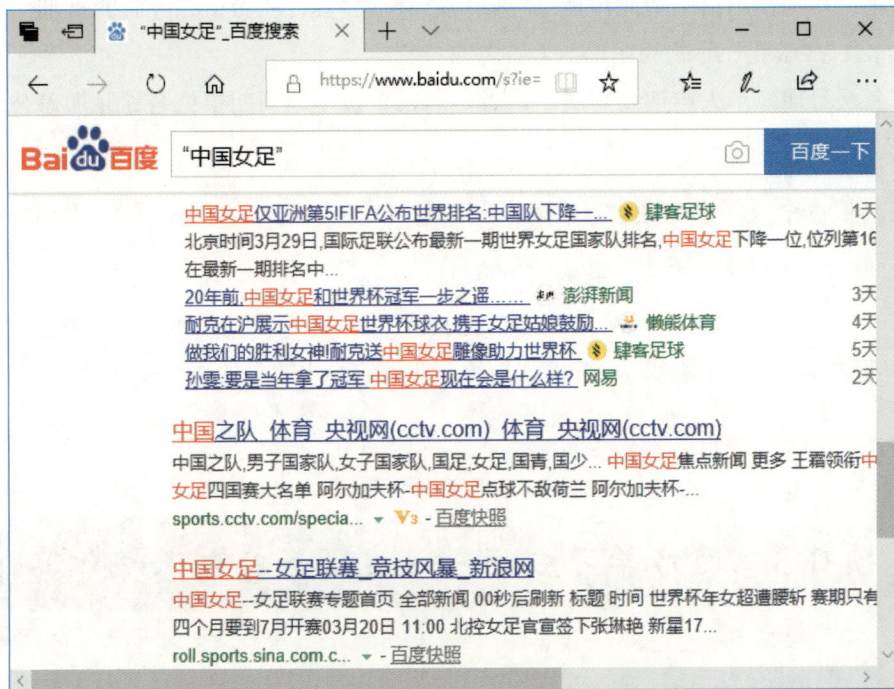

▲ 图 6-26　双引号""搜索

任务 4　借助网络完成个人 "**申请书"的编写

1. 搜索"申请书"的格式要求

(1) 在"百度"中搜索"申请书格式"，找到"申请书_百度百科"，学习申请书格式的要求。

(2) 认真阅读申请书的"格式要求"，将"格式要求"复制粘贴到自己的文件"我的学习宝典"中，并了解一般申请书格式要求。

标题：直接写"申请书"，或在"申请书"前加上内容，如"入党申请书"，一般采用后者。

称谓：顶格写明接受申请书的单位、组织或有关领导。如"尊敬的校领导："。

正文：正文部分是申请书的主体，首先提出要求，其次说明理由。理由要写得客观、充分，事项要写得清楚、简洁。

结尾：写明惯用语"特此申请""恳请领导帮助解决""希望领导研究批准"等，也可用"此致""敬礼"等礼貌用语。

署名、日期：个人申请要写清申请者姓名，单位申请写明单位名称并加盖公章，注明日期。

2. 根据个人需求完成"**申请书"编写

(1) 根据个人申请书意向，搜索网上范文。

(2) 仿照范文，编写一份 100 字以内的个人"缓考申请""补考申请""休学申请""请假申请""校园网密码重置申请"等，要求符合申请书的一般格式。

项目 3　网络学习应用——发送和存储课程作品

项目分析

【项目描述】

本课程的学习即将结束，同学们也完成了许多作品，老师想验收一下同学们的学习情况，要求同学们将自己本课程的所有作品进行分类整理并通过邮箱发送给老师，同时将自己的课程全部文件上传到个人网盘上，实现文件永久保存及资源分享。

【项目目标】

- 了解常用的电子邮箱和百度网盘
- 能够创建自己的常用邮箱，并熟练发送、接收及回复电子邮件(重点)
- 能注册个人百度网盘，并熟练进行上传下载文件操作(重点)

项目实现

任务1　申请与使用电子邮箱

1. 了解电子邮箱

(1) 电子邮箱：电子邮箱又称"E-mail"，是通过网络电子邮局为网络客户提供的网络交流的电子信息空间。电子邮箱具有存储和收发电子信息的功能，是因特网中最重要的信息交流工具。

(2) 电子邮箱地址：电子邮箱是装载电子邮件的载体，在网上申请的邮箱都会有一个唯一的电子邮箱地址，同投递普通信件时要在收信人一栏填写收信人地址一样，在发送电子邮件时必须填写收件人的邮箱地址。

(3) 电子邮箱地址的格式：电子邮箱地址的格式为登录名 @主机名.域名，如图 6-27 所示，中间的符号"@"读作"at"，意思就是"在"，符号的左边是注册时的用户名，右边提供邮箱注册的网站域名地址。例如 ccguoyan@126.com 就是一个电子邮箱地址。这个电子邮件地址的意思就是在 126.com "邮局"的 ccguoyan "邮箱"。

(4) 常用免费电子邮箱。

① QQ 邮箱：QQ 邮箱的格式为 QQ 号(数字)@qq.com；容量无限大，最大附件 50M，支持POP3，提供安全模式，内置WebQQ、阅读空间等。

② 网易邮箱：网易邮箱是中国第一大电子邮件服务商，提供以@163.com、@126.com、@yeah.net 为后缀的免费邮箱，3G 空间，支持超大 2G 附件，512 兆网盘，垃圾邮件拦截率超过 98%。

③ 139 邮箱：139 邮箱的格式为用户名 @139.com；是中国移动提供的完全免费邮箱，手机号码即是邮箱名，无需注册，随时随地使用手机收发邮件，容量无限量，强大的反垃圾邮件系统，有效屏蔽垃圾邮件。

④ 搜狐邮箱：搜狐邮箱的格式为用户名 @sohu.com；是中文邮箱著名品牌，有 sohu 免费邮箱、sohuVIP 邮箱以及sohu企业邮箱等，长期以来以稳定快速人性化著称的 sohu 邮箱成为国内网民必用邮箱之一，提供 4G 超大空间，支持单个超大 10M 附件。

⑤ 新浪邮箱：新浪邮箱提供以 @sina.com 和 @sina.cn 为后缀的免费邮箱。2G 附件和 50M 普通附件，容量 5G，整合新浪微博应用，支持客户端收发，安全，更少垃圾邮件。

2. 申请注册126邮箱

(1) 打开 IE 浏览器，在地址栏中输入"http://mail.126.com"并按 Enter 键，打开网易邮箱界面，如图 6-27 所示。

▲ 图 6-27　126邮箱登录界面

(2) 单击主页中的"注册"超级链接，打开"邮件注册"网页，如图 6-28 所示，在该网页中填写所有注册信息。

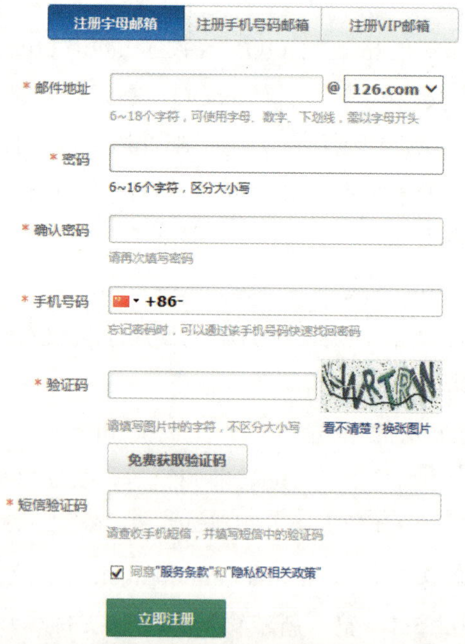

▲ 图 6-28　邮箱注册界面

(3) 输入完成后单击"立即注册"按钮，提示邮箱已申请成功，并显示新注册的邮箱地址。

(4) 在邮箱登录界面，输入注册好的邮箱账号和密码，单击"登录"按钮，就可以进入刚申请的邮箱，如图 6-29 所示。

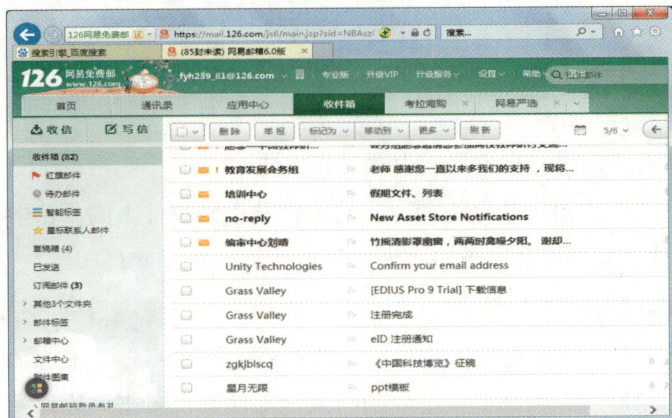

▲ 图 6-29　个人电子邮箱界面

3. 使用邮箱收发电子邮件

(1) 创建和发送邮件。

① 登录刚创建的邮箱后，单击网页左侧的"写信"按钮，即可打开撰写邮件内容的网页，如图 6-30 所示。

▲ 图 6-30　写邮件

② 在该网页的"收件人"文本框中输入收件人的邮箱地址，在"主题"文本框中输入邮件的主题，如"***的得意之作"，在"正文"文本框中输入邮件的内容，如下所示。

***老师:

　　您好!

　　本学期在您的《计算机应用基础》课堂上，按要求共完成了*个任务，其中我的得意之作是《》，现发送给您，请接收查阅并恳请批阅指正!

　　　　　　　　　　　　　　　　　　　　　　　您的学生:

③ 单击添加附件按钮，将自己的得意之作上传。

④ 单击"发送"按钮，即可将撰写好的邮件发送到收件人的邮箱中，然后将在打开的网页中提示邮件已发送成功，单击"返回"按钮返回邮箱网页即可。

(2) 接收和阅读邮件。

① 在IE浏览器中打开邮箱所在的网站，输入邮箱账号、密码并登录邮箱。

② 在网页左侧可以看到邮箱中已收到的未读邮件数，单击"收件箱"选项，进入收件箱，单击想要查看的邮件主题即可打开邮件内容进行查看。

(3) 设置邮件配置选项。

在收发电子邮件时，有时需要签名，有时用户因为出差在外或旅游度假，不能及时回复邮件，这时可以设置签名文件、自动回复功能等。

① 登录邮箱后，单击网页上侧的"设置"选项，在下拉菜单中选择"常规设置"，单击该网页中"自动回复/转发"选项，如图 6-31 所示，在其中按需进行设置即可。此时，一旦接收到新邮件时，系统将自动回复邮件给寄件人或自动转发另一个收件人。

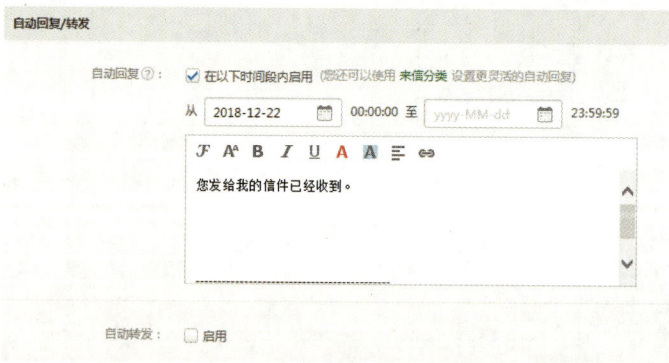

▲ 图 6-31　邮箱自动回复与自动转发设置

② 在邮箱常规设置界面左侧单击"签名/电子名片"选项，即可看到新建文本签名、新建名片签名等按钮，如图 6-32 所示，在这里可以根据需要在发送的邮件中加入个性化签名。

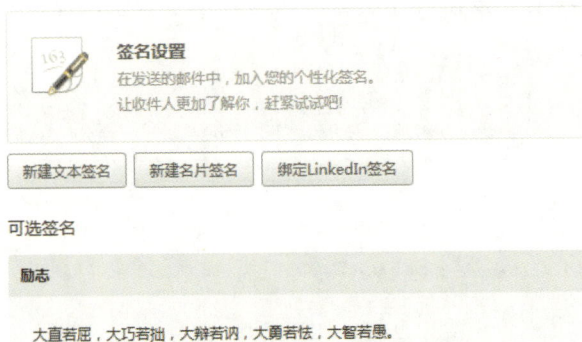

签名设置
在发送的邮件中，加入您的个性化签名。
让收件人更加了解你，赶紧试试吧！

新建文本签名　新建名片签名　绑定LinkedIn签名

可选签名

励志

大直若屈，大巧若拙，大辩若讷，大勇若怯，大智若愚。

▲ 图 6-32　设置个性化签名

任务2　注册与使用百度网盘

1. 了解百度网盘

百度网盘(原名百度云)是百度推出的一项云存储服务，首次注册即有机会获得 2T 的空间，目前百度网盘分为电脑版和手机 APP 版两种，用户可以轻松将自己的文件上传到网盘上，并可跨终端随时随地查看和分享。

2. 注册与登录百度网盘

(1) 启动浏览器，在地址栏中输入百度网盘官方网址"http://pan.baidu.com"，进入百度盘的登录界面，如图 6-33 所示。

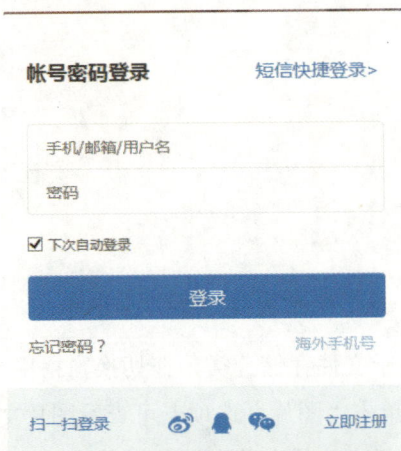

帐号密码登录　　　　短信快捷登录>

手机/邮箱/用户名

密码

☑ 下次自动登录

登录

忘记密码？　　　　海外手机号

扫一扫登录　　🐦 🐧 🐱　　立即注册

▲ 图 6-33　百度网盘登录界面

(2) 单击"立即注册"按钮可注册百度账号，用于登录网盘，其注册界面如图 6-34 所示。

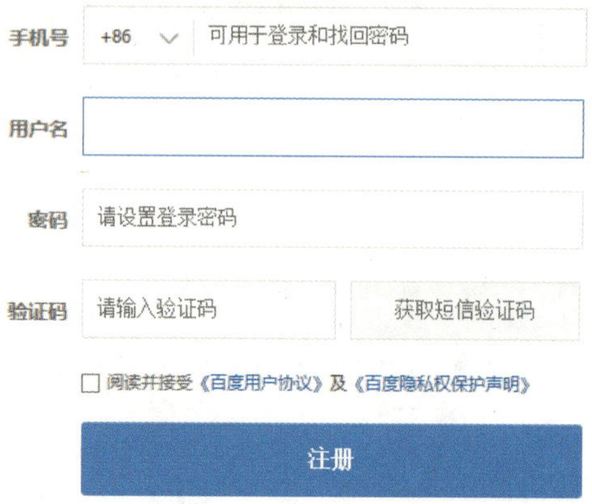

▲ 图 6-34　百度网盘注册界面

(3) 同时，百度网盘支持使用 QQ 快速登录，单击页面的 QQ 图标，打开 QQ 登录对话框，输入 QQ 账号和密码或用手机扫描二维码，即可登录网盘，也可使用新浪微博或微信账号登录网盘。

3. 了解百度网盘界面

进行登录后，即可进入百度网盘主界面，如图 6-35 所示，主要包含切换窗格、工具栏和文件显示区。观察可发现网盘主界面与"计算机"窗口相似，同样其操作也存在共通性。

▲ 图 6-35　百度网盘界面

切换窗格：切换窗格用于文件存储分类，在切换窗格中单击"全部文件"选项卡，可在窗口中查看所有文件，单击"图片"选项卡可查看图片文件，依次类推。

工具栏：工具栏主要用于文件的上传和下载，单击"上传"按钮可将计算机中的文件上传到网盘；也可在网盘中新建文件夹，用于分类存放文件；"离线下载"按钮则用于将网盘中的文件下载到计算机中。

文件显示区：文件显示区用于显示网盘中存放的文件，选择某个或多个文件，可执行下载和删除等操作。

4. 使用百度网盘上传与下载个人文件

(1) 将《计算机应用基础》所有课程文件上传到自己的百度网盘。在百度网盘主页上单击"上传"按钮，在"打开"对话框中选择个人计算机应用基础课程的总文件夹后，单击"打开"按钮，系统自动上传所选文件，并显示上传进度，完成后对话框自动关闭，网页中显示成功上传的文件。

(2) 在百度网盘中打开文件并保存。在网盘中可直接双击打开一个文件，执行操作后单击"保存"按钮即将文件保存在网盘中的原位置。

(3) 从百度网盘下载文件到计算机中。在网盘中选中文件，单击"下载"按钮(或在右键菜单中选择"复制")，将文件下载到电脑指定文件夹中(或在指定文件夹中，选择右键菜单中"粘贴")。

(4) 设置分享文件。选择网盘中要进行分享的文件，单击"分享"按钮，如图 6-36 所示，在对话框中单击"链接分享"选项卡，将分享形式设置为"有提取码"按钮后，然后单击"创建链接"按钮，即可成功创建私密链接。单击"复制链接及提取码"按钮，将密码通过 QQ 等方式发给好友，好友通过链接打开网页，输入密码即可进行下载操作。

▲ 图 6-36　设置分享文件

本 模 块 小 结

本模块通过 3 个典型项目重点介绍了什么是计算机网络、IP 地址、域名系统，如何查看及配置计算机的 IP 地址，如何配置无线路由器，如何设置文件共享，IE 浏览器的使用与设置方法，如何在网络上查找资源，以及电子邮箱、百度网盘的使用知识，这些内容可以帮助大家解决日常学习、工作中的常用问题。

课 后 习 题

一、单选题

1. 下列的 IP 地址中(   )是 B 类地址。

A. 10.10.10.1

B. 191.168.0.1

C. 192.168.0.1

D. 202.113.0.1

2. 在计算机网络中，城域网的英文简写是(   )。

A. LAN

B. MAN

C. DCN

D. WAN

3. http 是指(   )。

A. 文本

B. 超文本

C. 超文本传输协议

D. 网页

4. Internet 称为(   )。

A. 国际互联网

B. 广域网

C. 局域网

D. 世界信息网

5. HTML 语言可以用来编写 Web 文档，这种文档的扩展名是(   )。

A. docx

B. txt

C. htm或html

D. xlsx

6. 域名系统 DNS 的作用是(   )。

A．存放主机域名　　　　　　　　　B．存放IP地址

C．存放邮件地址　　　　　　　　　D．将域名转换为IP地址

7. Internet 网站域名地址中的 gov 表示(　　)。

A．教育部门　　　　　　　　　　　B．政府部门

C．网络机构　　　　　　　　　　　D．非盈利组织

8. 某人的电子邮件到达时，若其计算机没有开机，则邮件(　　)。

A．存放在服务商的 E-mail 服务器　　B．开机时由对方重发

C．退回给发件人　　　　　　　　　D．丢失

9. IE 是一个(　　)。

A．浏览器　　　　　　　　　　　　B．操作系统

C．管理软件　　　　　　　　　　　D．翻译器

10. WWW 是(　　)的缩写。

A．万维网　　　　　　　　　　　　B．文件传输协议

C．超文本传输协议　　　　　　　　D．域名系统

二、填空题

11. _____是中国的顶级域名。

12. IP 地址 210.12.223.100 属于_____类地址。

13. 从 www.clut.edu.cn 可以看出，这是中国的一个_____部门站点。

14. Web 上每一个网页都有一个独立的地址，这些地址称为统一资源定位符，即_____。

15. FTP是_____的缩写。

三、操作题

16. 搜索、下载并安装"叶根友"字体。

17. 搜索、下载并安装"红蜻蜓"抓图软件。

18. 根据个人需求完成"大学助学金(奖学金)申请书"的编写。

19. 查看个人计算机的 IP 地址，并将 IP 地址截图保存至个人百度网盘中。

20. 在百度上查找 IP 地址介绍，然后将该网页保存到"我下载的网页"文件夹。

参 考 文 献

[1] 睢碧霞. 计算机应用基础任务化教程：Windows7 + Office 2010[M]. 北京：高等教育出版社，2015.

[2] 张韶回，王静波. 计算机应用基础(Win7 + Office 2010)[M]. 北京：清华大学出版社，2017.

[3] 贾如春，李代席，袁红团，等. 计算机应用基础项目实用教程(Windows 10 + Office 2016) [M]. 北京：清华大学出版社，2018.

[4] 李刚. 计算机应用基础(数字教材版)[M]. 北京：中国人民大学出版社，2018.

[5] 刘志敏. 计算机应用基础教程[M]. 北京：清华大学出版社，2015.

[6] 赵帮华，汤东. 计算机应用基础(Windows 7 + Office 2010)[M]. 北京：化学工业出版社，2019.

[7] 刘志强. 计算机应用基础教程[M]. 北京：机械工业出版社，2018.

[8] 李丽萍，潘战生. 计算机应用基础[M]. 2版. 北京：科学出版社有限责任公司，2019.

[9] 赵万龙. 大学计算机应用基础[M]. 2版. 北京：清华大学出版社，2018.

[10] 熊晓雯，李诗华. 基于 Windows 7 + Office 2010 的计算机应用基础[M]. 西安：西安电子科技大学出版社，2015.